Sonderabdruck aus den Monatsblättern
des Berliner Bezirksvereins deutscher Ingenieure.

ISBN 978-3-642-94088-0 ISBN 978-3-642-94488-8 (eBook)
DOI 10.1007/978-3-642-94488-8

I. Die kulturgeschichtlichen Zusammenhänge

Verehrte Mitbürger und Mitbürgerinnen!

Als ich im vergangenen Jahre zuletzt die Ehre hatte, von dieser Stelle zu sprechen, feierten wir den Geburtstag unseres Kaisers mitten im goldenen Frieden. Wir waren noch erfüllt von dem Nachklang seines 25-jährigen Regierungs-Jubiläums, bei dem er als den schönsten Erfolg seines Lebens froh bekannte, den Frieden ein Vierteljahrhundert erhalten zu haben. Auf unser deutsches Vaterland schien die Sonne des Glückes, das gewissenhafte und erfolgreiche Arbeit bescheidet. Industrie und Handel und alle Wissenschaften blühten, und der angewachsene Wohlstand gestattete dem deutschen Bürger auch den edlen Luxus eines fördernden Interesses der Kunst, eines Interesses, das so oft in diesem vollgefüllten Saale dem Redner entgegengeströmt ist. Unter weisem Schutz unserer Regierung und durch eigene fleißige, fortschrittliche Arbeit stand auch unsere Landwirtschaft in hoher Blüte, und wenn die Halme im Sommer in goldenen Aehren prangten, so erzählten sie uns davon, daß unsere Landwirtschaft noch immer wenigstens den größten Teil unseres Volkes zu ernähren imstande war. Einer unserer Staatsmänner, der heute wieder dem Vaterlande ein hohes patriotisches Opfer bringt, hatte es als schönsten Lohn für sein Wirken hingestellt, wenn ihm einst die Grabschrift würde: Dieser ist ein agrarischer Reichskanzler gewesen. Wir danken es ihm heute, denn ohne diese Fürsorge ständen wir vielleicht schon vor der Hungersnot und vor dem Zwange eines schlimmen Friedens.

In sommerlicher Pracht standen die Aehren auf dem Boden unseres Vaterlandes, als das furchtbare Ungewitter dieses grauenhaftesten aller Kriege über uns hereinbrach. So oft er auch schon drohte, nur wenige von uns mochten es glauben, daß es Menschen geben könne, vermessen genug, diese ungeheure Blutschuld auf sich zu nehmen, die Blutschuld an dem größten Unglück, das die Menschheit jemals getroffen hat, und dessen entsetzliche Folgen in ihrem ganzen Umfange noch gar nicht abzusehen sind. Wir sind zu stolz, um Schmähungen auszusprechen, vor allem in diesem Hause, wo ernster Geist das Für und Wider unparteiisch abzuwägen gewohnt ist. Wir bedürfen solcher Schmähungen nicht, denn wir sprechen draußen gegen unsere Feinde die letzte Sprache, die es gibt. Wir kennen auch den Begriff der historischen Notwendigkeit, und wir wissen, daß eine Kette großer kriegerischer Zusammenstöße sich um die Jahrhunderte schlingt. Wir denken an die Namen Karls V., Gustav Adolfs, Ludwigs XIV., Peters und Friedrichs des Großen, Napoleons und Bismarcks. Aber wir fragen dennoch: War dieser Krieg notwendig?

Noch 1912 schrieb der englische Marineminister Winston Churchill, jetzt einer unserer erbittertsten Feinde, derselbe, der Antwerpen aufsuchte, um seinen belgischen Freunden Mut zu machen und die Festung für uneinnehmbar erklärte, kurz bevor unsere Armeen einmarschierten, an den Vorsitzenden des liberalen Klubs von Dundee[1]: »Ich habe den größten Irrtum bis zuletzt gelassen. Es ist der, daß es einen tiefen Interessengegensatz zwischen dem deutschen und dem englischen Volke gebe, der nur durch die äußerste Kraftprobe gelöst werden könne, der uns das Schicksal unwiderstehlich entgegentreibt. Keine verhängnisvollere Vorstellung könnte das Hirn eines Staatsmannes lähmen. Es gibt keinen natürlichen Gegensatz zwischen den Interessen des englischen und des deutschen Volkes. Keine jener durch Rassen-, territoriale, dynastische oder religiöse Fragen verursachten Streitigkeiten, die in der Vergangenheit die Welt bewegt haben, oder in der Gegenwart zu der unbeständigen Haltung der Staaten beitragen, existiert zwischen England und Deutschland, oder hat je zwischen ihnen existiert. Wir haben uns an große Dinge aus der Vergangenheit zu erinnern und nichts zu vergessen. Es gibt zweifellos eine Rivalität im Handel, es gibt aber auch eine wirkliche und wachsende Abhängigkeit. Keine kontinentale Nation ist unserem Handel notwendiger als Deutschland; es ist unser bester Kunde, wie wir es von ihm sind. Trotz übelwollender Kräfte, die wir in allen Ländern

---

[1] Salomon, Wie England unser Feind wurde. Verlag von K. F. Koehler, Leipzig 1914 S. 26.

am Werke sehen, ruht der europäische Friede von Jahr zu Jahr auf immer breiterer und tieferer Grundlage. Die Verflechtung der gemeinsamen Interessen, der Zusammenhang des modernen Lebens, die Verbesserungen in den Verkehrsmitteln, die Ausbreitung der Kenntnisse, der Kultur und des Komforts, alles weist auf eine größere Sicherheit und auf ein immer deutlicher erkennbares gemeinsames Interesse zwischen allen Ländern, und zwischen wenigen Ländern mehr als zwischen England und Deutschland hin. Wenn allmählich ein ernsthafter Gegensatz zwischen den beiden Völkern hervorgerufen worden ist, so wird dieser nicht auf das Wirken von irgend welchen natürlichen oder unpersönlichen Kräften zurückzuführen sein, sondern auf die verbrecherische Tätigkeit einer verhältnismäßig kleinen Anzahl Persönlichkeiten in beiden Ländern und auf die sträfliche Leichtgläubigkeit breiter Volksschichten. Es wird die erste Pflicht einsichtsvoller und führender Männer sein, diesen wie ein Albdruck auf uns lastenden Stimmungen entgegenzutreten und die gehässigen und täuschenden Annahmen zurückzuweisen.«

Ist diese Auffassung, die sich völlig mit der unsrigen deckt, und gar nicht besser ausgesprochen werden kann, im klaren Bewußtsein der englischen Staatsmänner, so schaltet hier auch für englische Begriffe die historische Notwendigkeit aus und der unter dem bekannten Vorwande unserer belgischen Neutralitätsverletzung herbeigeführte Krieg bleibt eine Tat von nacktem, brutalem Neide, fluchwürdiger Selbstsucht und namenloser Habgier eines unersättlichen Geldbeutels. Statt auf den eigenen fauler werdenden Gaul, wie unser Kaiser sich nach Ganghofer jüngst ausgedrückt haben soll, schlagen diese wackeren Sportsleute auf uns, die sie zu überholen drohen. Wie England immer gewußt hat, seine Selbstsucht mit der Maske des Christentums und des Altruismus zu bedecken, so hat es auch jetzt verstanden, seine eigenen egoistischen Interessen als die allgemeinen europäischen hinzustellen. Mit einer politischen Gewandtheit, zu der er sich beglückwünschen darf, hat es verstanden, eigene Gegnerschaft überbrückend oder vorläufig ignorierend, unsere Nachbarn mit sich zu einem Räuber-Konsortium zu vereinigen. Durch Jahrhunderte war es seine Politik, immer die größte, im Wettbewerb ihm am nächsten kommende Kontinentalmacht niederzuschlagen, so Spanien, Holland, Frankreich. Jetzt soll an uns die Reihe sein. So ist England für uns der Feind! Und doch wäre es falsch und verderblich, darum die andern mit ruhigem Gleichmut zu betrachten, wie die deutsche Gutmütigkeit es bereits den Franzosen gegenüber zu tun begonnen hatte. Frankreich war und ist der Helfer jedes nur möglichen Feindes für Deutschland, der stete Wühler und Treiber, unser nächster und historisch sicherster Gegner, Rußland das halb barbarische, nur durch unsere Kultureinflüsse innerlich gewachsene, drängt nach den Meeren und strebt nach dem Schlage, der ihm im Osten geworden, durch ehrgeizige Hetzer getrieben, wieder nach dem Westen. Bei beiden also Haß und zertrümmernde Feindschaft.

Unsere Nation nahm die Kriegserklärungen mit eherner Ruhe hin. Sie gab die Antwort durch die bekannten Erlasse des Kaisers und durch die ewig denkwürdige Sitzung des Reichstages vom 4. August 1914. »Um Sein oder Nichtsein unseres Reiches handelt es sich, das unsere Väter sich gründeten, um Sein oder Nichtsein deutscher Macht und deutschen Wesens. Wir werden uns wehren bis zum letzten Hauch von Mann und Roß. Und wir werden diesen Kampf bestehen auch gegen eine Welt von Feinden. Noch nie ward Deutschland überwunden, wenn es einig war.« In diesem Gedanken zogen unsere Truppen hinaus ins Feld, Jünglinge und Familienväter, Männer jeden Standes und Berufes, neben dem schlichten Handlanger die Blüte der Nation an Geist und Bildung. Die Hochschulen wurden leer, vereinsamt liegt auch dieses Haus. Aber die Kasernen sind noch heute voller als je.

Die Ereignisse lieferten uns einen unmittelbaren Eindruck von einer Kraft der Nation, an die wir selbst nicht glauben wollten nach so langen, und wie es scheinen wollte, verweichlichenden Friedensjahren. Das ruhige Nachdenken über diesen Eindruck und ein Rückblick auf die Vergangenheit erfüllt uns immer klarer mit dem Bewußtsein, daß dieser Krieg auch sein Gutes für uns hat, daß er reinigt und Schlacken abwirft, das Trennende, das uns bis dahin so wichtig dünkte, ins Nichts zurückweist und gegenüber kleinlichen alltäglichen Sorgen, die uns so bedeutungsvoll schienen, alles Große, Echte und Wahre emporhebt zu gigantischer Höhe.

In dieser versöhnenden Erkenntnis verfolgen wir Zurückgebliebenen die Heldentaten unserer Truppen, vereinen wir uns, um vaterländischen Gedanken nachzugehen. Es ist eine schöne Sitte geworden, daß Lehrer unserer hohen Schulen, deren Aufgabe im Frieden es ist, die künftigen

Lenker unserer deutschen Geschicke für ihre Aufgaben zu bilden, jetzt ihre Mitbürger als Hörer um sich versammeln, um mit ihnen vereint die Geschehnisse zu überblicken, die jetzt aller Herzen bewegen. Den Inhalt unserer gewaltigen Zeit zu erschöpfen, wäre eine Aufgabe, die niemand lösen kann, so vielseitig er auch gebildet wäre, und deren Bearbeitung noch Generationen von Forschern beschäftigen wird. Ein jeder überblickt sie nur von seinem einen Standpunkte aus, und so wollen wir in diesem Hause, das der Technik geweiht ist, die Ereignisse unserer Zeit vom Standpunkte des Technikers aus zu überschauen suchen. Es wird dabei weniger darauf ankommen, Neues zu sagen, denn eine große Literatur und eine hochstehende, mehr als je gelesene Presse verkünden dies täglich, sondern wachzurufen, was jeder weiß, es in Zusammenhang zu stellen mit unserer großen Zeit und es aus den Tiefen vaterländischer Empfindungen heraus, die uns alle beseelen, sinnend zu überschauen.

So wollen wir uns also beschäftigen mit dem Zusammenhange von Krieg und Technik, und zwar zunächst mit ihren allgemeinen kulturhistorischen Verbindungen und Wechselwirkungen in der Vergangenheit und später mit ihren Beziehungen im jetzigen Kriege.

Die Betrachtung der kulturhistorischen Zusammenhänge scheint ein Eingriff in das Recht des Historikers zu sein, geschichtliche Entwicklungen zu schildern. So sehr sich aber auch die Historie mit dem Einfluß der Kriege auf die Weltgeschichte beschäftigt hat, so wenig hat sie sich darum bemüht, den Wirkungen der Technik auf die weltgeschichtliche Entwicklung gerecht zu werden. Für uns Aeltere, die wir jetzt ergrauen oder bereits ergraut sind, war, wie wir uns alle erinnern, die schulmäßige Weltgeschichte fast nur Kriegs- und politische und nicht Kulturgeschichte, und doch wäre es ungemein reizvoll und lehrsam, der Jugend die Entwicklung der Dinge, die sie äußerlich umgeben, zu schildern und ihr klar zu machen, in welcher Wechselwirkung dieses Werden mit dem geistigen und sittlichen Werden des Menschengeschlechtes gestanden hat. Es ist eine lebhafte Klage der Ingenieure, daß dies auch wissenschaftlich zu wenig erfaßt werde, und daß die Geschichtsschreibung ihre Aufgabe, die menschliche Entwicklung universell zu überschauen, nicht erschöpfe, die Zweige der Kultur, die Gegenstände der Geisteswissenschaften sind, bevorzuge und der Technik nur wenig Interesse zuwende. Ein tieferes gegenseitiges Verständnis erhoffen wir durch die Geschichtsprofessuren, die jetzt nach und nach an den Technischen Hochschulen gegründet werden. Freilich dem Urteil, daß die Technik bei aller Großartigkeit der von ihr verkörperten geistigen Leistungen nicht Werte an sich schaffe, sondern nur das Fundament für die Schaffung von Werten, kann auch kein Techniker widersprechen. Die heutige Technik hat uns mit Dingen umgeben, die niemand früher auch nur ahnte. Sie läßt die Naturkräfte arbeiten, wo früher Herden von Sklaven schaffen mußten, und gießt dem Menschen nicht nur Kraft in die Hände, sondern verfeinert diese auch durch Werkzeuge, so daß sie zu ungeahnten Leistungen an Wucht und Zartheit befähigt werden. Sie befördert die Produkte der Natur und ihre eigenen Erzeugnisse und den Menschen selbst mit einer Geschwindigkeit von Ort zu Ort, daß jeder Mensch die Welt räumlich und zeitlich in Arbeit und Genuß in ganz anderm Maß erschöpfen kann als früher. Sie reproduziert die Erzeugnisse höchster, hehrster Kunst und trägt deren Wiedergaben auch dem einfachsten Manne für wenige Pfennige ins Haus. Sie hat tausend Möglichkeiten, den Gedanken für die Ewigkeit der Nachwelt festzuhalten, oder ihn in rasender Schnelle von Ort zu Ort, von Mensch zu Mensch zu tragen. Nur eines vermag sie nicht: zu beherrschen, wie der Mensch diese Möglichkeiten ausnutzt. Ob er reist, um sich zu bilden und an Natur- und Kunstgenüssen zu beglücken oder um bei Trunk und Spiel die Gewohnheiten der Heimat wiederzufinden. Ob er die Natur für sich arbeiten läßt, um seine Kräfte zu vervielfältigen und, von mechanischer Arbeit befreit, geistige Arbeit zu leisten, oder ob er die Natur in seinen Dienst spannt, um selbst zu erschlaffen und zu verweichlichen und sich materiellen Genüssen hinzugeben. Ob er durch die Druckerpresse Bildung und ideale Gesinnung verbreitet oder niedrigen Egoismus und sozialen Neid, ob er die graphischen Reproduktionsmöglichkeiten ausnutzt, um für die Ideale der Kunst zu begeistern, oder für die Frivolität und die Zote — das alles vermag die Technik nicht zu bestimmen. Sie baut dem Menschen ein stolzes Haus, doch wie er es bewohnen will, das liegt an ihm.

Ganz das Gleiche gilt auch für den selbständigen Daseinswert des Krieges. Auch der Krieg, den ein Volk führt, ist nie Selbstzweck, er ist nur Mittel zum Zweck. Auch er baut nur an dem Hause, welches das Volk bewohnen will, aber den fertigen Bau füllt er nicht selbst mit Leben. Es sind andre Kräfte, die es wohnlich einrichten.

In der Tat finden wir auch bei näherer Betrachtung Krieg und Technik in der Grundlage ihrer Wirksamkeit einander völlig gleich. Wie die Aufgabe der Technik die Erlangung der Herrschaft über die Natur zum Wohle des Menschen, so ist die Aufgabe des Krieges die Gewinnung der Herrschaft über die Menschen selbst. Nur in einem Lande, das er völlig beherrscht, das er also durch sieghaften Krieg erobert hat, kann der Mensch durch die Technik die Grundlage für eine Kultur schaffen, die seiner mit der Entfaltung der Technik im Wechselspiel gewonnenen geistigen Entwicklung entspricht. **Krieg und Technik, auf diesen beiden Pfeilern ruht also das Gebäude unserer gesamten kulturellen Existenz.** Man wende nicht ein, daß die Herrschaft über ein Land in dem Umfange, wie es zur Errichtung einer eigenen Kultur nötig ist, auch ohne Krieg gewonnen werden könne, denn der Gang der Geschichte lehrt uns das unentbehrliche Zusammenwirken beider Kräfte von Urzeit an.

Die geistige und sittliche Entwicklung der Menschheit war nur gering, als Kriegskunst und Naturbeherrschung noch schwach waren, die Menschen als Nomaden lebten und nur leichte Furchen ihres Daseins in den Boden zogen. Erst die Leistungen der Waffentechnik und der Technik der Bodenbearbeitung haben es den Völkern ermöglicht, Länder militärisch zu erobern, sich feste Wohnsitze zu schaffen und dort Kulturen zu gründen. Mit der Eroberung des Bodens durch den Krieg ging die Herrschaft über den Boden als das Werk der Technik Hand in Hand. Das Schwert umhegte nunmehr einen festen Bezirk friedlicher, bürgerlicher Tätigkeit, und die Technik baute ihn innerlich aus. So wurde der Wohnplatz zur Heimat, das beherrschte Gebiet zu einem Lande mit national umfriedigter Eigenart. Staatliche Macht, Rechtsordnung, Wissenschaft und Kunst können sich bei einem Volke nur im Wettbewerb mit Nachbarnationen entwickeln, wenn sie durch eine mit ihm zusammen hochsteigende Technik die festen Fundamente dafür erhalten und durch eine überlegene Kriegsmacht geschützt werden. **So sind Krieg und Technik die Schöpfer jeder Macht über die Umwelt, die Werkzeuge und Erhalter der Machtorganisation des Staates und jeglicher Kultur.**

Was in alten Zeiten geschah, als die Menschheit erst anfing, feste Wohnsitze einzunehmen, sehen wir noch heute täglich, wenn die Kultur Neuland erobert. Bei allen kolonialen Gründungen ist der Erfolg gegeben zunächst durch die militärische Ueberlegenheit des Eroberers, welcher den ihre Heimat verteidigenden Einwohnern ihr Land abringt und darauf durch die Ueberlegenheit der Technik, durch welche es erst kulturell gewonnen und wirtschaftlich erschlossen wird. Auch in alten Kulturländern, die unsere abendländische Kultur in sich aufnehmen wollen, sind es vor allem unsere Kriegsmacht und unsere technische Macht, die man sich zu eigen machen möchte. Nur solange wir hierin überlegen sind, dauert unser Einfluß, und mit dieser Ueberlegenheit hört er auf. Wer denkt dabei nicht an unsern gelben Feind, der begierig aus allen Bronnen bei uns getrunken hat und nun, aufgestachelt von unserm skrupellosen Vetter, uns heimtückisch das Unsrige entreißt: Der rätselhafte Asiate, der Gutes so zu vergelten vermag, aber menschlicher gegen unsere gefangenen Landsleute zu verfahren scheint als unsere durch tausendjährige Kultur mit uns verbundenen Nachbarn in Europa!

Zur Ausbreitung unserer Kultur gehört auch die Ausbreitung unserer Religion. Wer von uns wollte daran zweifeln, daß unsere christlichen Missionare ihre Erfolge außer dem ethischen Gehalt ihrer Lehren auch der überlegenen Kriegskunst Europas verdanken, die sie stützt und schützt, und der europäischen Technik, durch die sie ihren schlichten Zuhörern Achtung einflößen. Der Zusammenhang wird noch deutlicher, wenn wir die Religion Mohammeds betrachten, die einst so kraftvoll sich ausbreitete und auch heute noch in Afrika und Zentralasien expansive Lebenskraft beweist, aber durch die Verwebung religiöser und militärischer Dinge ein wesentliches Hemmnis für ihre Verbreitung erfuhr. Der verstorbene Berliner Universitätsprofessor Pfleiderer[1]) sagt, daß Mohammed die Gebete zu militärischen Exerzierübungen, die Moschee zum großen Exerzierplatz und den Ritus zum Drillsystem machte. Wohl ist dadurch den Heeren des Islams die stramme Disziplin eingepflanzt worden, die sie später von Mekka und Medina bis nach Spanien vorstoßen ließ, aber die Verquickung mit der Religion hemmte die rein militärische Entwicklung, und heute sehen wir im Islam in den Fragen der Macht bescheiden zurückstehen hinter den christlichen Völkern. Die künftige Entwicklung gehört auch zu den Rätseln dieses Krieges. Politische Macht

---

[1]) Pfleiderer, Religion und Religionen.
[2]) J. F. Lehmanns Verlag, München 1906 S. 238.

wird der Islam erst dann erlangen können, wenn er mit unserer Kriegführung auch unsere bürgerliche Technik annimmt.

Der gemeinsame Grundzweck, der Krieg und Technik zu den Fundamenten menschlicher Kultur macht, wird nach vielen Richtungen auch erreicht durch die gleichen Mittel. Dazu gehört vor allem auch das Mittel der Organisation. Es ist bekannt, daß die Größe der modernen Technik und gerade auch unserer deutschen Technik wesentlich mit in der Organisation liegt, in der gewaltigen Zusammenfassung zahlreicher Kräfte zu gemeinsamen riesigen technischen Betrieben und zu ungeheuren wirtschaftlichen Vereinigungen, aber keines der großen Syndikate hat so gewaltige Massen an Menschen und Gütern mit solcher Einheitlichkeit und Sicherheit gelenkt wie der große Generalstab. Schon im frühesten Altertum haben wir das gleiche Bild. Die Riesenleistungen, welche die beiden alten, wie es jetzt scheint voneinander ganz unabhängig entwickelten Kulturländer, Aegypten und Mesopotamien, in der monumentalen Baukunst hervorgebracht haben, sind entstanden durch die organisatorische Zusammenfassung zahlreicher Einzelkräfte, die nach dem Machtgebote der Könige gelenkt wurden, wie deren Heeresmassen.

Das große Bild der Organisation hat ein ebenso großes Spiegelbild: die Disziplin. Wie diese notwendig ist für das Heer, so wirkt sie auch in höchstem Maße fördernd auf die Technik. Zu Kaisers Geburtstag haben wir von dieser Stelle in geistvoller Weise die Vorzüge unseres von den Feinden verlästerten Militarismus rühmen hören [1]). Es hätte hinzugefügt werden können, daß das Boyensche Heeresgesetz von der allgemeinen Wehrpflicht, unser größtes Gesetz im 19. Jahrhundert, auch für die deutsche Technik von unendlichem Segen war. Der Geist der Disziplin, der freiwilligen Unterordnung und Einordnung des Mannes ist eine der stärksten Quellen, aus denen die Kraft der deutschen Technik geflossen ist.

Auch in den Begleiterscheinungen sind Krieg und Technik in manchen Punkten gleich, nämlich in bezug auf die Gefahren, die beide bieten. Von dem Grauen des heutigen Krieges kann in der Technik natürlich nicht die Rede sein. Durch peinliche Unfallschutzgesetze und gewerbliche Aufsicht sind

---

[1]) Matthäi, Militarismus und Potsdamerei. Verlag von Kafemann. Danzig 1915.

die Unfälle gerade in unserer deutschen Technik außerordentlich an Zahl und Schwere herabgesetzt, und durch die Reichsorganisation der obligatorischen Unfallversicherung sind die Folgen erträglicher gemacht. Aber die Zahl der tödlichen Unfälle ist doch erschreckend groß. Im letzten deutsch-französischen Kriege fielen bekanntlich 28 000 Mann, nicht weniger Todesopfer aber verlangte unser gesamtes wirtschaftliches Leben allein in den drei Jahren 1909/11. Im Felde und an Krankheiten starben im letzten großen Kriege 41 000 Mann, in ihrer Berufstätigkeit unmittelbar tödlich verunglückt sind aber seit 1886 an 200 000 Personen [1]). Freilich handelt es sich in der Technik um weit größere Menschenmengen als im letzten Kriege. Die 66 gewerblichen Berufsgenossenschaften im Deutschen Reich umfassen $3/4$ Millionen Betriebe mit 10 bis 11 Millionen Arbeitern, und es mag uns ein wenig trösten, daß zur Fürsorge für die von Unfällen Betroffenen sehr erhebliche Beträge zur Verfügung stehen: Die Berufsgenossenschaften haben einen Jahreshaushalt von 165 Mill. ℳ und verwalten ein mehr als doppelt so großes Vermögen [2]).

Wenn Krieg und Technik als die beiden Hauptpfeiler unserer Kultur anerkannt werden, so interessiert die Frage: Kann einer dieser beiden Pfeiler wohl entbehrt werden? Wir sehen sogleich: die Technik nicht. Wer möchte wohl ernstlich zurück zu einer Kultur ohne Eisenbahnen, Dampfschiffe und Telegraphen, ohne Fernrohr, Mikroskop und Brille? Wer möchte auf langer Fahrt aus einem Ozeandampfer in ein kleines Segelboot, aus einem Wohnhaus in eine Hütte? Wer wollte, wie einst Karl V., zu Roß auf unergründlichen Wegen von Spanien nach den Niederlanden, wer, wie noch Chodowiecki vor weniger als 150 Jahren statt einem D-Zuge sich einer Rosinante anvertrauen, um in 12 Tagen unter allerhand Fährnissen und Unannehmlichkeiten von Berlin nach Danzig zu reiten? Wo ist der Schwärmer, der dies alles mehr denn als ein paarmal in der Abenteuerlust von Jugendjahren auf sich nehmen möchte? Sind nicht die Entbehrungen, wegen deren wir unsere Truppen beklagen, außer den hier und da unvermeidlichen an Leibesnahrung großenteils Entbehrungen dessen, was sonst die Technik uns Kultur-

---

[1]) Friedrich Lenz: Die geschichtlichen Voraussetzungen des modernen Krieges, Deutsche Rundschau, Oktoberheft 1914.

[2]) Jastrow: Der Kriegszustand. Verlag von Georg Reimer, Berlin 1914 S. 127.

menschen in verschwenderischer Fülle darbietet? Eine Menschheit ohne Technik ist keine Kulturmenschheit, ein Leben ohne unsere moderne Technik wäre ein Leben voller Entbehrungen, und je höher die menschliche Kultur ansteigt, desto mehr ginge für sie mit der Technik, ja auch nur mit etlichen Zweigen der Technik, verloren. Die Frage, ob der andere Grundpfeiler der jetzigen menschlichen Kultur, der Krieg, für sie entbehrlich sei, scheint fast sonderbar. Welche Mutter, die ihren Sohn ins Feld geschickt, wird nicht mit Inbrunst rufen: Ja! Wir wissen es alle sehr wohl: Der Krieg ist fürchterlich. Wir sehen im Geiste vor uns die blutigen und zerfetzten Menschenleiber, die Gewitterströme von Eisen und Blei, die wahllos niederprasseln auf Intelligenz und Dummheit, auf Bosheit und zarteste Herzensgüte, wir erschauern unter dem glühenden Hauch der Feuerströme der Geschütze, und unsere Herzen wollen verbluten mit denen der Freunde, Liebenden, Eltern und Kinder, die in Millionen von Nächten ihren Jammer beweinen. Und doch stellten wir vorhin schon fest, wie der Krieg unser ganzes Volk herausgerissen hat, zwar aus edler Kulturarbeit, aber auch aus seichtem Genußleben, an dem die Freude uns immer bedrohlicher zu wachsen schien. Wir sehen es emporgerissen zu höchster Anspannung und Leistung seiner physischen und moralischen Kräfte. Ja, unser Volk ist in seiner Gesamtheit veredelt worden durch den Krieg trotz des bekannten Wortes jenes Griechen: »Der Krieg ist darin schlimm, daß er immer mehr böse Leute macht, als er deren wegnimmt«.

Ich bin mir wohl bewußt, daß die Frage der Notwendigkeit der Kriege, also die Frage des ewigen Friedens, mit kurzen Bemerkungen nicht abgetan ist, aber einige Gedanken darüber durchzugehen, wird in unserer heutigen Zeit nicht ohne Interesse sein. Die Philosophen, deren Aufgabe es ist, den Dingen bis auf ihren Urgrund nachzugehen, haben diese Frage nicht zu lösen vermocht. Sie sind hierin, wie auch in anderen Dingen, verschiedener Meinung. Bekanntlich hat Kant im Jahre 1795 einen »Philosophischen Entwurf zum ewigen Frieden« geschrieben, in dem er sich dafür einsetzt und die notwendigen Bedingungen aufstellt und zergliedert. Beim Lesen der Einleitung zu dieser Abhandlung können wir uns eines ironischen Lächelns nicht erwehren. Anschließend an die Ueberschrift »Zum ewigen Frieden« erzählt Kant von einem holländischen Gastwirt, der einen Gasthof »Zum ewigen Frieden« besaß und daran ein Schild befestigt hatte, auf dem ein Kirchhof gemalt wer. Kant fragt sich, ob diese satirische Aufschrift wohl die Menschen überhaupt oder besonders die Staatsoberhäupter, die des Krieges nie satt würden, oder wohl gar noch den Philosophen gelte, die jenen süßen Traum träumten. Heute ist man versucht, neben den holländischen Kirchhof auch den Friedenspalast im Haag zu zeichnen und statt an den philosophischen Gastwirt an den Friedenszaren zu denken, dessen Regierung die »Brandstifterin« zu diesem Kriege gewesen ist!

Ein anderer Philosoph dagegen, der Berliner Universitätsprofessor Lasson, Vorsitzender der hochangesehenen Philosophischen Gesellschaft, hat vor einer Reihe von Jahren eine sehr lesenswerte Schrift veröffentlicht mit dem Titel »Das Kulturideal und der Krieg«. In dem Schlußwort dieser Schrift heißt es zusammenfassend[1]: »Mensch, Staat, Krieg sind zusammenhängende Begriffe; keiner läßt sich ohne den andern denken. Der Staat kann seine Gesundheit nicht bewahren, kann seine Aufgabe für die Kultur der Menschheit nicht erfüllen, wenn ihm nicht die Möglichkeit des Krieges in jedem Augenblick droht, und wenn er sich auf diese Möglichkeit hin nicht eingerichtet hat. Krieg soll nicht leichtsinnig ohne triftigen Grund geführt werden, und der triftige Grund ist allein die höchste Not. Aber die Möglichkeit des Krieges ist ein Gut von unschätzbarem Werte. Daß keine Kriege mehr geführt werden, ist nach der Natur der Dinge ein unerfüllbarer Wunsch; es ist aber zugleich ein unverständiger Wunsch, aus einer Gesinnung entsprungen, die den Wert der Güter falsch beurteilt, und das Behagen des Individuums höher stellt, als die sittlichen Ordnungen der Gesellschaft. Einen Völkerareopag, der die Kriege verhütet, gibt es nicht. Aber einen Völkerareopag, der die Kriege zu ihrem rechten Ziele lenkt und die gesunden Motive und Formen der Kriegsführung vorschreibt, einen solchen sehen wir unter unseren Augen entstehen und zunehmen. Dieser Areopag ist die öffentliche Meinung der Kulturvölker«. Lasson wußte damals noch nicht, wie die öffentliche Meinung durch niederträchtige und abgefeimte Lügenmeldungen sogenannter Kulturnationen beeinflußt werden würde.

Fragen wir selbst die Entwicklungsgeschichte der Völker, so sehen wir die bekannten Vorgänge: Ein Wachstum der Volkszahl und der Gütererzeugung in steter Wechselwirkung,

---

[1] Deutsche Bücherei. Verlag von H. Neelmeyer, Berlin, Band 57, 2. Auflage S. 132.

und dementsprechend eine Zunahme des Bedürfnisses nach Nahrung und, um diese ins Land zu bringen, nach Absatz von Industrieprodukten in die getreidereichen Länder. Weitere Steigerung der Produktion und des Absatzes auch nach anderen überseeischen Gebieten, Zunahme des Bedürfnisses der den Absatz ins Ausland fördernden Persönlichkeiten nach politischem Schutz und dadurch Wachstum des politischen und des allgemeinen Ehrgeizes der großen Völker nach außen hin. Die Nationen, sagt Erich Marcks[1]), sind innerlicher Kräfte bis zum Rande voll, einfach über die Grenzen hinübergeflossen in die weite Welt hinein. Das Ergebnis ist der Imperialismus als neue große Form für nationale Bedürfnisse.

Wir Deutsche haben für unsere nationale Entwicklung zwei Kriege geführt: 1866 zur Auseinandersetzung unter uns selbst in Deutschland, 1870 zur Gründung unserer neuen Macht innerhalb Europas, und jetzt 1914/15 kämpfen wir für unsere Weltmacht. Nur durch die Errichtung unserer Macht in Europa und durch das Recken und Dehnen unserer Glieder und Kräfte darüber hinaus, durch die Auslöschung des ungeheuren Widerspruches zwischen unseren Kräften und unserer politischen Bedeutungslosigkeit in den letzten 300 Jahren, durch die Aufrichtung unseres Lebensrechtes inmitten Europas, nicht durch Angriffe haben wir die ungeheure Koalition gegen uns zusammengeballt, die uns zu erdrücken sucht. »Es kann der Frömmste nicht im Frieden bleiben, wenn es dem bösen Nachbar nicht gefällt«. Darf man an einen ewigen Frieden glauben, solange ein so natürliches Kräftespiel so wilde Leidenschaftlichkeit auf sich zieht, darf man ihn eher erwarten, als bis menschliche Leidenschaft überhaupt in sanfte Mondscheinschwärmerei verglommen ist?

Nein, wir glauben nicht an den ewigen Frieden durch ideale Erwägungen, wir glauben nur an eine Verminderung der Häufigkeit der Kriege durch die Gewalt der Waffen, durch die Entwicklung der Technik, welche die moralische Verantwortung für die immer grauenhafter werdenden Kriege immer schwerer macht und daher auch die Objekte, um die gekämpft wird, immer gewaltiger, bis nur noch die Entscheidungen über die tiefsten und wahrsten Bedingungen des äußeren und auch des innersten Kulturlebens ganzer Welt-

---

[1]) Erich Marcks: Wo stehen wir? Politische Flugschriften: Der Deutsche Krieg, Heft 19, Deutsche Verlagsanstalt, Stuttgart-Berlin.

reiche durch Kriege gefällt werden. Wenn so die Einsätze steigen, so wird auch mit immer größerer sittlicher Berechtigung gekämpft werden, und so wird der Krieg trotz immer steigenden Grauens etwas immer Größeres, Erhabeneres, Heiligeres werden. Solange aber wird noch das bekannte Reiterlied gelten:

»Wohl auf, Kameraden, aufs Pferd, aufs Pferd!
Ins Feld, in die Freiheit gezogen,
Im Felde, da ist der Mann noch was wert,
Da wird das Herz noch gewogen.
Da tritt kein andrer für ihn ein,
Auf sich selber steht er da ganz allein.«

Die letzten Betrachtungen bringen uns von der Erörterung der Gleichartigkeit und Gemeinsamkeit der Wirkungen von Krieg und Technik auf ein zweites Thema: auf die Wechselwirkungen, die beide aufeinander ausüben. Nachdem ich in dem bisherigen ersten Teile des Vortrages die Parallelwirkung beider als gleichwertige und unentbehrliche Grundlagen unserer Kultur darzustellen versucht habe, will ich im zweiten Teile mich zur Betrachtung dieser Wechselwirkungen wenden.

In alten Zeiten waren die Geräte für Krieg und Technik, die Waffen und Werkzeuge, ein und dasselbe, Menschen- und Naturbezwingung noch ungeschieden. Zwar gab es Werkzeuge für das Auflockern des Bodens und Waffen für den Nahkampf schon unter den vorzeitlichen Geräten von Stein, aber sie eigneten sich wechselseitig für beide Zwecke. Der Stein zerschmetterte mit gleicher Leichtigkeit ein Glied des Feindes wie die Schale einer Nuß. Die Schärfe einer Muschelspitze oder eines Raubtierzahnes erlegte Mensch wie Tier. Knochen und Hirschhorn ergaben, behauen und zugespitzt, Pfeil- und Lanzenspitze, Beil, Pflugschar oder Harpune. Das vorne zugespitzte, gestielte, vorgeschichtliche Messer diente als Waffe gegen Mensch und Tier, als Meißel, als Werkzeug zum Tätowieren und als Gerät zum Essen. Zusammen mit der langgestielten Axt, welche als Verlängerung des Armes die Wucht seiner Schläge vergrößerte, diente es als notwendiges Rüstzeug im Kriege wie im Frieden [1]).

Bürgerliches und Kriegshandwerk trennten sich erst deutlicher, als bei dem Erwachen der Kultur in Aegypten

---

[1]) Lenz, a. a. O.

und in den Euphratländern die Mathematik und die Naturwissenschaft sich zu entwickeln begannen. Das Zahlensystem der Babylonier, die geometrischen Kenntnisse, die sie wie die Aegypter gewannen, führten zu den ausgezeichneten astronomischen Kenntnissen und Entdeckungen dieser Völker und zu ihrer bewundernswert genauen Erforschung der Einzelheiten des Laufes von Sonne und Mond, der Dauer von Sonnen- und Mondjahr und der durch die Fixsternphasen bestimmten Jahreszeiten. Für den Verkehr wurden durch Erfindung des Schreibens und Rechnens, der Münzen und des Messens und Wägens diese Kenntnisse ausgenutzt. Großartiges haben Aegypter und Babylonier in der Technik geleistet. Kanäle und Bewässerungsanlagen, Flußdämme und Hochbauten sind zuerst von ihnen in vollendeter Weise hergestellt worden, wie am Euphrat so am Nil. Neben diesen bürgerlichen Wissenschaften und Künsten entwickelte sich nunmehr selbständig die Kriegskunst mit ihren Anfängen der Strategie und Taktik. Es entbrennt ein technischer Wettkampf um die Herstellung der dazu geeigneten Werkzeuge und Maschinen und um die für diesen Zweck nötige Ausnutzung der Naturkräfte. Die bürgerliche Technik ist dabei die Helferin der Kriegstechnik. Auch noch später im alten Rom diente der Straßenbau mindestens so sehr militärischen Bedürfnissen wie dem bürgerlichen Verkehr, und im Mittelalter war gegenüber der Nachfrage nach Schwertern, Helmen und Panzern der Bedarf an eisernen Werkzeugen nur gering. Der Krieg belebte den steyerischen wie den Harzer Erzbergbau mehr als die Bedürfnisse des Friedens, und der Schmied war den Germanen der Gehülfe schwertfroher Helden und zugleich der Meister alles bürgerlichen Handwerkes.

So blieb die Entwicklung von Waffe und Werkzeug, die in der Urzeit dasselbe waren, noch viele Jahrhunderte in einheitlicher Verbindung, bis sie sich mit der Verfeinerung der Technik immer selbständiger ausgestalteten. Bevor wir dies betrachten, wollen wir die Entwicklung bei unsern deutschen Vorvätern kurz erörtern, eine Entwicklung, die für ganz Mittel- und Westeuropa typisch ist.

Zur Zeit der alten Germanen war jeder Mann ein Kämpfer. Ackerbau überließ man den Frauen und Knechten. Wenn kein Krieg war, so ging der Mann auf die Jagd oder zum Fischfang. Dieses kriegerische Volk vermochte die in sein Land eingefallenen Römer zu überwinden ohne zahlenmäßige große Uebermacht, wie es die Römer selbst, nach heute wieder beliebtem Verfahren, behaupteten, um ihre Niederlagen zu verschleiern. Das damalige Deutschland, das hauptsächlich aus Wäldern und Sümpfen bestand, konnte gar nicht so überwältigende Menschenscharen ernähren. Nach der Völkerwanderung nahm die Masse des Volkes friedliche Beschäftigung auf. Die eigentlichen Krieger blieben die Ritter, welche die kriegerischsten Gesellen unter den Bauernburschen als reisige Knechte mit sich nahmen. Das Rittertum ging dann zugrunde durch die technische Tat der Erfindung der Feuerwaffen. Das Urgewehr war aber zu schwer zu tragen und so unsicher im Schuß, daß Jahrhunderte vergingen, ehe es den wirklichen Wettbewerb mit Bogen und Pfeil aufnehmen konnte. Erst in der Zeit des Kaisers Maximilian, 2 Jahrhunderte nachdem die Feuerwaffe zuerst nachgewiesen ist, war sie so weit vervollkommnet, daß Maximilian nun verbieten konnte, noch weiter Armbrust und Bogen zu führen. Sie sind aber noch lange benutzt worden. Wenig bekannt, aber für uns heute sehr interessant dürfte es sein, daß noch in der Schlacht bei Leipzig 1813 einige russische Hülfstruppen mit Bogen und Pfeil geschossen haben. Auch noch heute erfahren ja unsere Afrika- und Asienforscher, daß ein guter Bogenschütze sehr viel leisten kann. Aber nicht die Feuerwaffen allein haben die heutige Infanterie gebildet. Diese verdankt ihre Entstehung vielmehr auch den Erfahrungen, die die Ritterheere im Kampfe mit den Schweizern machten. Die Niederlage der Ritter unter Karl dem Kühnen war verursacht durch die Wucht, welche die in ihrer urwüchsigen, kriegerischen Kraft auftretenden, mit Spießen bewaffneten Massen der Schweizer ausübten. Erst die geschlossene Masse des Fußvolkes, bewaffnet mit der Feuerwaffe, ist der Anfang unserer Infanterie. Die mittelalterlichen Ritterheere hatten noch keine geschlossene Masse Fußvolks, sondern nur viele zu Fuß mitlaufende Knechte, und der gewaltige Kaiser Friedrich Barbarossa hat nie mehr als einige Tausend Ritter und sogar Krieger um sich gehabt in seinen Schlachten, und sein Enkel Friedrich II. rühmt sich einmal, daß er sogar 10000 Mann gehabt habe. Die neue Infanterie, die Landsknechte, waren Söldner, die zwar unter sich einen starken Korpsgeist, aber bekanntlich rohe und gewalttätige Sitten hatten und entlassen wurden, wenn die Kriege beendet waren. Die Bürger, für welche sie die Kriege führten, waren selbst unkriegerisch geworden. Als zur Zeit des 30-jährigen Krieges der Kurfürst in Berlin einmal verlangte, die Bürger sollten sich doch wenigstens im Schießen üben, wurde ihm geantwortet, das wollten sie lieber nicht, das könnte die Frauen erschrecken, namentlich, wenn sie ein kleines Kind zu erwarten hätten, und darum haben sie von den Schießübungen lieber abgesehen [1]). Der Jammer des 30-jährigen Krieges führte dann zu der Erkenntnis, daß, wenn man im Kriege etwas leisten wolle, man sich im Frieden darauf vorbereiten müsse, und deshalb zur Einrichtung der stehenden Heere. Die Nachfolger der alten Rittergeschlechter bildeten eine neue Reiterei und standen zu ihren Fürsten in einem besonderen Treueverhältnis, in dem Verhältnis des Vasallen zu seinem Herrn. Noch Friedrich der Große appellierte nur an seine Offiziere, die Ritterschaft seines Landes. Er wollte am liebsten, schrieb er einmal, von seinen Untertanen möglichst wenig in seinem Heere haben, nur ein Drittel; zwei Drittel sollten Ausländer sein, damit die eigenen Leute übrigblieben für den friedlichen Dienst in Fabriken und auf dem Lande. Diese Ansicht des großen Königs kann noch heute nachdenklich machen. Niemand im Deutschen Reiche denkt zwar daran, die allgemeine Wehrpflicht abzuschaffen, wir alle sind durchdrungen von der Vielseitigkeit ihres Wertes für die Kraftentfaltung unseres von allen Seiten von Feinden und Neidern umgebenen Vaterlandes und für die Erziehung unseres ganzen Volkes, und doch will uns das Herz bluten, wenn wir uns vorstellen, daß unsere geschulte Intelligenz sich von Kalmücken und Senegalnegern abschießen lassen muß. Ein Bangen könnte uns ergreifen über die verschiedenen Wirkungen, die der jetzige Krieg in dieser Richtung auf die verschiedenen beteiligten Nationen ausüben wird, wenn wir nicht erführen, daß jetzt auch in England die junge Intelligenz größtenteils zu den Fahnen eilt, um in Offizierstellen zu dienen. Professor Penck, der bekannte Berliner Geograph, der auf der Rückreise von Australien bis Ende 1914 in London festgehalten wurde, erzählt in einem seine Rückreise schildernden sehr fesselnden Buche, daß auch in England die Hörsäle der Universitäten und Hochschulen leer wären und, wie teilweise auch bei uns, von Studentinnen beherrscht würden [2]). Noch in einem andern Punkte stand die Ansicht Friedrichs des Großen im Gegensatz zu der modernen. Der

---

[1]) Delbrück, Deutsche Reden in schwerer Zeit (Nr. 3). Verlag von Carl Heymann. Berlin 1914.

[2]) Penck. Von England festgehalten. Verlag von J. Engelhorns Nachf. Stuttgart 1915, S. 170.

Soldat, so sagte er einmal, müsse den Offizier mehr fürchten als den Feind. Mit dieser Art von Disziplin hat der große König seine Schlachten gewonnen. Wie anders heute! An die Stelle der Pressung zum Militärdienst durch mehr oder weniger achtbare Werbemittel ist bei uns das Volk in Waffen getreten, das freiwillig und einig sich erhoben hat für des Vaterlandes Größe und zum Schutze des heiligen, heimischen Herdes, alle Stände Seite an Seite, der Offizier der Kamerad des einfachen Wehrmannes.

Aber nicht die Größe dieses Geistes allein kann siegen, auch die Geschicklichkeit der Organisation, mit der sie gehandhabt wird, gehört dazu, und, mit ihr in Wechselwirkung stehend, nicht zuletzt die Entwicklung der Technik der Waffen und der Wissenschaft des Krieges.

Die Entwicklung der Organisation der stehenden Heere und ihrer Strategie und Taktik ist ganz durch die Entwicklung der Waffentechnik bestimmt. Mit der Handfeuerwaffe und dem Geschütz tritt die Maschinentechnik auf den Plan. Die ersten Geschütze sind nicht durch Soldaten, sondern durch zunftangehörige Handwerker bedient worden, wie ja auch behauptet worden ist, daß unsere neuen 42-cm-Brummer von Kruppschen Ingenieuren betrieben würden. Die weitere Entwicklung der Technik wird immer neue Truppengattungen hervorbringen, wie die letzten Jahrzehnte nach den Pionieren und Eisenbahnregimentern, die Kraftfahrer-, Telegraphen-, Funker- und Luftschifferabteilungen.

Während der ganzen geschilderten Periode und noch später blieb der Krieg ein wesentlicher Förderer der Technik. Friedrichs des Großen planvolle Unterstützung der Gewerbe erstreckte sich wesentlich auch auf diejenigen, welche Heereslieferungen zu machen hatten. So begann z. B. das in friedericianischer Zeit erblühte, noch jetzt bestehende Bankhaus von Gebrüder Schickler in Berlin seine Entwicklung mit Armeelieferungen. Mit staatlicher Garantie übernahm diese Firma eine modern anmutende Vereinigung von Kupferhämmern, Eisenhütten, Stahlwerk und Stahlwarenfabriken, deren Monopol zum Teil auf Armeebedarf basiert war[1]). Um den technischen Wert der Armeelieferungen stand es dabei vielfach schlecht; so leiteten um 1770 ein ehemaliger Theologe und ein früherer Küchenjunge den Schicklerschen Kupferhammer. Je mehr die Technik sich als solche entwickelte, desto mehr freilich trat der Einfluß zurück, den der Kriegs-

---

[1]) Lenz, a. a. O.

bedarf auf diese Entwicklung ausübte. Heute steht die Technik selbständig da. Der Militärfiskus ist zwar ein hochwillkommener Abnehmer, und die Aufgaben, die er stellt, führen zu Fortschritten, die auch der Friedenstechnik zugute kommen. Aber er ist nicht mehr die Hauptstütze ihres Bestehens. Technik und Krieg sind dadurch in ein ganz neues Stadium ihres Zusammenhanges gerückt, das in der Weltgeschichte noch nicht bestanden hat. Ich will dies durch einige Zahlen über unsere volkswirtschaftliche Entwicklung darlegen, die ich einem jüngst in der Deutschen Rundschau erschienenen Aufsatze des Braunschweiger Nationalökonomen Friedrich Lenz entnehme.

Es betrugen die Reingewinne allein unserer Aktiengesellschaften 1913 1,3 Milliarden $\mathcal{M}$, unsere gesamten Militäraufträge hingegen nur einige hundert Mill. $\mathcal{M}$. Zu bedenken ist dabei, daß von dem Ausgaben-Ordinarium der größte Teil auf Geld- und Naturalverpflegung und auf Bekleidung und Ausrüstung der Truppen und nur ein sehr viel kleinerer auf die Beschaffung von Waffen fällt. Der jährliche Verdienst an Lieferungen der Kriegstechnik ist also nur sehr gering im Verhältnis zu dem an der Friedenstechnik. Von den 256000 Patenten, die 1887 bis 1912 im Deutschen Reich erteilt wurden, entfallen 4646, d. s. 1,8 vH auf die Klasse der Schußwaffen. Von der deutschen Qualitätsausfuhr 1911 entfielen auf Kriegswaren weniger als auf wissenschaftliche Instrumente (50 gegen 60 Mill. $\mathcal{M}$), noch viel weniger als auf Maschinen (544 Mill. $\mathcal{M}$) oder auf elektrotechnische Erzeugnisse (163 Mill. $\mathcal{M}$). Der Ausfuhrwert der Kriegswaren war nicht größer als der der Klaviere, die manche sensible Menschen ja freilich auch zu den Kriegswaren rechnen. Alle diese Zahlen beweisen, daß keine privaten Rüstungsinteressen unsere Politik beherrschen und daß der verfehmte Panzerplatten-Patriotismus volkswirtschaftlich gar keine Rolle spielt. Solche Vorwürfe dürfen also unserm kapitalistischen Zeitalter von unsern Mitbürgern sicherlich nicht gemacht werden.

Andere Beispiele: Die A.-G. Friedrich Krupp beschäftigt noch nicht ein Zehntel der Arbeiterzahl unserer Staatseisenbahnen; ihre Fabrikate sind etwa zur Hälfte Kriegsarbeit, von der wiederum die Hälfte in das Ausland geht. Die jährliche Gesamtausgabe des Deutschen Reiches für Kriegszwecke ist geringer als das jährliche Ausgabeordinarium der Preußischen Staatseisenbahnen, welche 1912 $^3/_4$ Mill. Beamte und Arbeiter beschäftigt haben. Während diese Staatseisenbahnen für rd. 250 Mill. ℳ Maschinen und Fahrzeuge bestellten, betrug das Ordinarium des Reiches für Artillerie und Waffen nur einige 70 Mill. ℳ. Das Deutsche Reich gab 1912 für sich die Hälfte, zusammen mit Preußen aber nur ein Viertel bis ein Drittel seines Haushaltes für militärische Zwecke aus. 1840 war dieser Betrag für Preußen 50 vH, beim Tode Friedrichs des Großen und vor Jena 75 vH, unter dem Soldatenkönige, dem Vater Friedrichs des Großen (1730), sogar 86 vH, in Spanien nach dem Tode Philipps II. (1610) 93 vH, in Groß-Britannien zur Zeit der französischen Revolution sogar 94 vH. Aus diesen Zahlen geht hervor, daß die Staaten sich in früheren Zeiten viel weniger schöpferischen Kulturzwecken zuwandten. Je weiter wir zurückblicken, desto ausschließlicher war der Zweck des Staates die Verteidigung und der Angriff nach außen und die Unterdrückung des Unfriedens nach innen. Wenn man den Ausdruck »Militarismus« im Sinne seiner Feinde nimmt, so verdient also unser Zeitalter auch in Deutschland durchaus nicht den Namen des militaristischen, sondern eher den eines antimilitaristischen Zeitalters.

Die von der Kriegstechnik losgetrennte und sich selbständig entwickelnde Friedenstechnik, von Wissenschaft durchtränkt, ist bis zu der Höhe emporgestiegen, die wir alle kennen. Sie allein hat es vermocht, die großen Probleme unserer Zeit zu bewältigen und die immer wachsende Bevölkerung der alten europäischen Kulturländer durch bessere Ausnutzung des Bodens und durch industrielle Ausfuhr im Austausch mit den landwirtschaftlichen Erzeugnissen der weniger kultivierten Länder zu ernähren. Wie groß die Bedeutung der Technik für solche Ernährungsfragen ist, mögen folgende Zahlen beweisen. Die Strecken, über welche hinweg 100 kg Weizen bei verschiedenen Beförderungsarten für 12 ℳ geschafft werden können, sind: zu Wagen auf der Landstraße 100 km, auf der Kunststraße 400 km, nach neueren Bahntarifen 4500 km, nach neueren Seetarifen 25000 km. Die deutsche Technik hat durch ihre Ausfuhr nicht nur das einzuführende Getreide bezahlt, sondern auch unsern Nationalreichtum in so erheblichem Maße gesteigert, daß wir jetzt zu den reichsten Völkern der Erde gehören. Wie sehr unser Handel sich gerade in den letzten Jahren zum Welthandel entwickelt hat, zeigt sich in der Tatsache, daß vom Außenhandel 1899 $4^1/_2$ vH und 1912 bereits 10 vH auf die außereuropäischen Länder entfielen. Dabei sind die deutschen Kolonien nur mit dem geringfügigen Betrage von $^1/_4$ bis $^1/_2$ vH beteiligt; der Gesamthandel unserer Kolonien geht zu vier Fünfteln ins Ausland.

Aber nicht nur in den Fragen der materiellen Existenz allein, sondern auch in Fragen der inneren Festigkeit und Geschlossenheit und der äußeren Macht bestimmt die Friedenstechnik zusammen mit der Kriegsmacht heute das Schicksal der Staaten. Erst die Unterwerfung der Natur und der Sieg der Technik über Raum und Zeit ermöglicht es, die Kräfte der heutigen großen Reiche einheitlich zusammenzufassen und zu regieren. $^7/_{10}$ der Erdoberfläche und $^9/_{10}$ aller Erdbewohner werden heute durch den Willen von 10 einzelnen Regierungen beherrscht. Deutschland ist bei seinem Aufstieg dem größten der Weltreiche begegnet, dem britischen Weltreiche, das 1910 421 Mill. Einwohner gegen 78 Mill. des Deutschen Reiches zählte und sich in den 50 Jahren von 1862 bis 1912 von 4,6 Mill. auf 10,8 Mill. englischer Quadratmeilen, also auf mehr als das Doppelte, vergrößert hat, aber dem Deutschen Reiche die äußere Entfaltung seiner inneren Kräfte nicht gönnen will.

Wir wissen alle, wie dieser Neid aus jeder Zeile der englischen Zeitungen spricht die uns jetzt zugänglich sind. Bedauerlicherweise ist aber nicht nur die englische Presse, sondern zum Teil auch die technische Literatur vom giftigsten Neid und Haß gegen uns geschwollen. Während unsere technischen Zeitschriften rein sachlich die technisch-wirtschaftlichen Möglichkeiten erwägen, die uns den Sieg sichern können, schäumen selbst angesehene englische technische Blätter in Haß und Wut gegen uns. Die meisten sehen den Krieg als ein rein wirtschaftliches Ereignis an und rechnen nur mit Geschäftsverlusten, nicht aber mit dem Blute von Englands Söhnen. Eine der angesehensten Zeitschriften »The Engineer« macht ernstlich den Vorschlag, es müsse ein wohldurchdachter, organisierter Plan (organismed scheme) aufgestellt werden, sämtliche Anlagen der deutschen Industrie in den von den verbündeten Heeren besetzten Gebieten Deutschlands zugunsten der englischen Eisen- und Stahlindustrie zu zerstören. Die britische Regierung müsse sich verpflichten, diese Zerstörung (wörtlich: destruction) von den verbündeten Mächten ausführen zu lassen. Der deutsche Schiffbau solle geschlossen werden (Germanys shipbuilding should be closed). »Es bleibt unverständlich«, sagt dazu unsere bekannte Zeitschrift »Stahl und Eisen«, »daß Leute, die wir bisher für vernünftig und anständig gehalten haben, solche Machwerke in einem angesehenen Blatte durch die ganze Welt verbreiten.« Für die

Erfolge unserer Maschinentechnik findet der Engländer seine Erklärungen in allerhand schäbigen Geschäftsmethoden, die er mit großer Lebhaftigkeit analysiert; nur einen Grund findet er nicht, nämlich die Ueberlegenheit der deutschen Maschinen. Solche Auffassungen kommen nicht nur vereinzelt in der englischen Literatur vor. Die Zeitschriften der englischen technischen Welt wimmeln vielmehr von Vorschlägen solcher oder ähnlicher Maßnahmen, um den deutschen Handel zu vernichten. Wir wollen uns dadurch nicht imponieren, ja nicht einmal erregen lassen. Wir wollen uns hoch aufrichten und dem englischen Vetter ins Auge sehen und wie der Dichter denken:

»Eine Rache ist süß, die nimm an dem hämischen Neider.
Mache, wenn Du es kannst, ihn durch ein Meisterwerk tot«.

II. Die Beziehungen im jetzigen Kriege

Verehrte Mitbürger und Mitbürgerinnen!
In dem Kriege, den wir jetzt führen, steht an der Seite des Heerführers der Ingenieur. Der Krieg ist ein Krieg der Technik im eminentesten Sinne. Wir wissen zwar, daß auch in diesem Kriege wie durch alle Jahrhunderte der Geist der Führer und der Truppen die Entscheidung bringt, und wir schließen uns unserm Kaiser an, wenn er sagt: »Siegen wird derjenige, der die stärksten Nerven hat«; aber wir glauben hinzusetzen zu dürfen: »und die beste Kriegstechnik«. Unsere 42-cm-Mörser, unsere Zeppeline und unsere Unterseeboote sind es, von denen wir den Sieg erwarten, selbst wenn unsere Feinde es unsern Feldherren an Genie und unsern Truppen an Tapferkeit und Ausdauer gleichzutun vermögen.

Die Technik bestimmt die Kriegsführung durch dreierlei Mittel, die sie ihr zur Verfügung stellt, nämlich 1) durch die Waffen selbst, durch welche der Feind geschlagen und soweit vernichtet werden soll, daß er den Willen des Siegers annimmt, 2) durch die Beförderungsmittel für Mannschaften, Waffen, Munition und Verpflegung nach dem Kampfplatz und 3) durch die Nachrichtenübermittlung. Die Beförderungsmittel können bekanntlich von den Waffen trennbar oder mit ihnen organisch vereint sein. Trennbar sind die Eisenbahnen und Kraftwagen, wenn sie auch gelegentlich mit den Waffen zusammengefügt sind, wie bei den Panzerzügen und Panzerautos; organisch mit den Waffen stets vereint sind die Kriegsschiffe (Linienschiffe, Kreuzer, Torpedo- und Unterseeboote), die Luftschiffe und die Flugzeuge. Zur Nachrichtenübermittlung gehört die Drahttelegraphie und -Telephonie und die drahtlose Telegraphie, die heute von allen Waffengattungen und Dienstgraden bis hinauf zum Oberfeldherrn auf das intensiveste verwendet werden. Der Feldherrnhügel, von dem aus die alten Schlachtenlenker das Schlachtfeld überblickten, ist aufgegeben. Die Oberbefehlshaber sitzen jetzt in geschlossenen Häusern, oft weit vom Kampfplatz in einer größeren Stadt, und zu ihnen strömen unsichtbar auf den schnellen Flügeln der Elektrizität Meldungen über den bisherigen Gang der Gefechte, vor ihnen liegen die Karten, nach denen sie ihre Befehle erteilen, und zurück eilt die Elektrizität auf den Kampfplatz, um die Befehle zu übermitteln.

Man erkennt, daß die Verwendung der Technik im Kriege so gewaltig ist, daß sie in einem einzigen Vortrage bei weitem nicht erschöpfend geschildert werden kann, zumal da es sich der heutige Vortrag dem allgemeinen Thema entsprechend zur Aufgabe stellen muß, die Beziehungen zwischen Krieg und Technik möglichst vielseitig zu betrachten, also auch umgekehrt die Wirkung des Krieges auf die Technik darzulegen. Ich will deshalb im ersten Teil nur auf die reine Waffentechnik eingehen, auf die beiden andern Gebiete der Kriegstechnik aber nur einen kurzen Blick werfen.

Zunächst die Beförderungsmittel: Hier sind von überragendem Wert selbstredend die Eisenbahnen, wie jeder weiß, der bei der Mobilmachung die Truppentransporte beobachtet hat. Welche Ansprüche an die Eisenbahnen bei Truppenbewegungen gestellt werden, erkennt man daraus, daß zur Beförderung nur eines Armeekorps durchschnittlich 150 Eisenbahnzüge notwendig sind, so daß bei einem Zeitabstand von nur 10 Minuten zwischen zwei fahrenden Zügen fast 26 Stunden zwischen der Abfahrt des ersten und des letzten Zuges vergehen[1]. Wie Gewaltiges haben also die Eisenbahnen bei der Mobilmachung des ganzen Heeres und bei den späteren fortwährenden Truppenverschiebungen zu leisten gehabt!

Was die Nachrichtenübermittlung angeht, so heißt es einmal in einer vom Generalstab herausgegebenen Studie über Kriegsgeschichte[2]: Wir fordern heute unbedingt, daß der Draht, sei es als Telegraph oder als Telephon, den Führern und den Truppen in die Schlacht folge, und daß die wichtige Rolle, die er als Hülfsmittel der Strategie zur Beherrschung weiter Räume bei uns zuerst im Kriege 1866 gespielt hat, auch auf das Schlachtfeld übertragen wird. Damit ist ein unmittelbarer Gedankenaustausch der Führer untereinander, sowie zwischen diesen und den Truppen gewährleistet. Der Meldung kann der Befehl, dem Befehl die Ausführung ohne Zeitverlust folgen. Im jetzigen Kriege ist dieses System auf das weitgehendste ausgenutzt, die erst 1899 als Waffe organisierte Militär-Telegraphie, die jetzt aus einer

---

[1] Zeitschrift des Vereines deutscher Ingenieure 1915 S. 83.
[2] Der Krieg, Verlag von Georg Müller, München, S. 167.

Anzahl von Telegraphenbataillonen mit Funkerkompagnien und aus einer Anzahl von Festungsfernsprechkompagnien besteht, hat die allerwichtigsten Aufgaben zu lösen. Auch die Funkentelegraphie spielt dabei schon eine große Rolle, denn sie hat nach der Felddienstordnung die obersten Kommandostellen des Heeres miteinander zu verbinden. Bekanntlich wird die elektrische Telegraphie aber nicht nur zur Nachrichtenübermittlung im Felde, sondern auch zur Versendung von Kriegsnachrichten außerhalb der Kriegsschauplätze verwendet und durch unsere Feinde leider auch zur Verbreitung erbärmlicher Lügenmeldungen in alle Welt. In hübscher Satire wurde dies jüngst in einem Bilde dargestellt. Man sieht darauf, wie einem englischen Regiment von seinem Oberst befohlen ist, das Feld zu räumen; nur das Aufgeben der Telegraphenstation verbietet der Oberst, denn solange England diese noch besäße, bliebe es der Sieger. Wie groß der moralische oder vielmehr unmoralische Einfluß ist, den unsere Feinde durch die Beherrschung des Welt-Kabelnetzes besitzen, haben wir leider ernstlich nur zu oft erfahren. Bekanntlich sind die Telegraphenkabel eine deutsche Erfindung, eine Erfindung von Werner Siemens; sie sind aber leider nicht von uns, sondern von den Engländern in allen Meeren verlegt worden, ein Versäumnis unserer früheren politischen und wirtschaftlichen Ohnmacht, das uns heute schwer zu tragen gibt. Anscheinend nur ganz wenig bekannt ist, daß Werner Siemens auch der unfreiwillige Vater des Reuterschen Lügenbüros gewesen ist. Er erzählt in seinen Lebenserinnerungen[1]) bei der Besprechung der Anlegung der Telegraphenstrecke Cöln-Aachen-Verviers folgendes: »Während des Baues dieser Linie lernte ich den Unternehmer der Taubenpost zwischen Cöln und Brüssel kennen, einen Herrn Reuter, dessen nützliches und einträgliches Geschäft durch die Anlage des elektrischen Telegraphen schonungslos zerstört wurde. Als Frau Reuter, die ihren Gatten auf der Reise begleitete, sich bei mir über die Zerstörung ihres Geschäftes beklagte, gab ich dem Ehepaar den Rat, nach London zu gehen und dort ein ebensolches Telegraphen-Vermittlungsbüro anzulegen, wie es gerade in Berlin unter Mitwirkung meines Vetters, des Justizrates Siemens, durch einen Herrn Wolff begründet war. Reuter befolgte meinen Rat mit ausgezeichnetem Erfolge. Das Reutersche Telegraphenbüro in London und

---

[1]) Werner Siemens, Lebenserinnerungen. Verlag von Julius Springer, Berlin. S. 76.

sein Begründer, der reiche Baron Reuter, sind heute weltbekannt.« So ist also die Gründungsgeschichte der beiden großen Telegraphenbüros mit dem Namen Siemens verknüpft. Wenn ich nunmehr zu einigen Angaben über die modernen Kriegswaffen übergehe, so liegt eine Schwierigkeit für mich darin, daß Bekanntes nicht wiederholt, aber Neues nur mit großer Vorsicht in der Oeffentlichkeit ausgesprochen werden darf. Leicht kann es dabei geschehen, daß mit einer Variante eines bekannten Wortes geurteilt werden muß: Der Vortrag enthält zwar manches Neue und Interessante, aber das Interessante ist nicht neu und das Neue ist nicht interessant. Ich will die Schwierigkeit dadurch zu überwinden suchen, daß ich den jetzigen Stand der Entwicklung der Kriegswaffen ganz allgemein kurz schildere und speziell über die deutschen Waffen nur solche Angaben mache, die von militärtechnischer Seite selbst veröffentlicht worden sind [1]).

Die Hauptschwierigkeit bei der Herstellung der modernen Kriegswaffen liegt darin, daß sie einerseits außerordentlich exakt arbeiten und daher fein durchkonstruiert sein müssen, um z. B. die heute verlangte hohe Feuergeschwindigkeit zu leisten, anderseits aber auch unbedingte Kriegsbrauchbarkeit aufzuweisen haben. Zu letzterer gehört die Betriebssicherheit und Einfachheit des Gebrauches auch bei den ungünstigsten Beanspruchungen im Felde und die Notwendigkeit, daß auch der dümmste Infanterist und Kanonier sie richtig benutzen kann. Sind, wie bei den Rohrrücklaufbremsen, den Zieleinrichtungen usw. besonders verwickelte Konstruktionen erforderlich, so darf dadurch die Einfachheit des Gebrauches in keiner Weise leiden. Mängel an solchen Teilen müssen durch Einfügung passender Ersatzteile auch von technisch Ungeübten sofort zu beheben sein.

Im großen und ganzen sind diese Forderungen bei unsern Kriegswaffen erfüllt, nicht allein durch geschickte Konstruktion, sondern auch durch die Fortschritte der Stahlindustrie und der Werkstatt-Technik, deren Entwicklung überall von wissenschaftlichem Geiste durchweht ist. Die deutsche Industrie zeigt jetzt, daß sie auch auf dem Gebiete der modernen Kriegswaffen der ausländischen Technik gegenüber eine führende Stellung erlangt hat.

---

[1]) Die im Folgenden angegebenen Zahlenwerte über die Abmessungen und die Leistungsfähigkeit der modernen Kriegswaffen sind entnommen einem Aufsatze von Schwinning, Professor an der Militärtechnischen Akademie in Charlottenburg, Zeitschrift des Vereins deutscher Ingenieure 1914 S. 1683.

Von der Infanteriebewaffnung dürften das meiste Interesse finden: die Maschinengewehre. Bei diesen liegen rd. 250 Patronen in einem Vorratsgurt in kleinen Taschen. Durch den Rückstoß, welchen der Lauf bei der Explosion des Pulvers erfährt, und den jeder Schütze schon bei seiner Flinte spürt, werden die Patronen mit dem Gurt selbsttätig weiterbewegt und nacheinander selbsttätig abgefeuert. Die Feuergeschwindigkeit beträgt 400 bis 500 Schuß in der Minute; dabei muß der Lauf, der sich durch das andauernde Feuern erhitzt, durch Wasser gekühlt werden. Die modernen Infanteriegewehre sind bekanntlich auch Mehrladegewehre, bei denen die Patronen zu mehreren in einem Magazine von Hand in das Gewehr eingeführt werden. Die abgeschossene Patronenhülse wird dabei durch Oeffnen und Wiederschließen des Gewehrverschlusses mit der Hand ausgeworfen und gleichzeitig eine neue Patrone eingeschoben und schußbereit gemacht. Der Ersatz der Handgriffe durch eine selbsttätige Wirkung der Rückstoßkraft der Pulvergase ist hier noch nicht mit genügender Sicherheit gelungen. Die Schwierigkeit liegt darin, völlige Betriebssicherheit der Konstruktion und volle Sicherheit des Schützen auch unter den ungünstigsten Kriegseinflüssen (Verschmutzen, Verrosten usw.) ohne Ueberschreitung des Höchstgewichtes einer Handfeuerwaffe zu erreichen. Wenn auch die Patentliteratur eine außerordentlich große Zahl von Vorschlägen aufweist, so hat sich unsere Heeresverwaltung doch noch nicht zur Einführung des Selbstladeprinzips entschlossen. Nur Mexiko scheint diesen Schritt bisher gewagt zu haben.

Die heutigen Infanteriegeschosse sind meist Spitzgeschosse. In Deutschland verwenden wir ein leichtes sogenanntes Mantelgeschoß von 10 g Gewicht, bei dem der zuckerhutartige Bleikörper ganz mit einem dünnen Metallmantel umgeben ist. Das Geschoß verläßt die Mündung des Gewehrlaufes mit etwa 900 m Geschwindigkeit in der Sekunde, d. i. 35 bis 40 mal so schnell, wie ein Schnellzug fährt, der 90 km in der Stunde zurücklegt. Einige Worte über die Verwundung durch solche Geschosse dürften interessieren: Die Schwere der Verwundung, also die Größe der Zerstörung der getroffenen Körperteile, hängt unter sonst gleichen Bedingungen davon ab, wieviel von seiner Wucht das Geschoß durch die Vermittlung der unmittelbar getroffenen und dadurch seitlich fortgeschleuderten Flüssigkeits- und Gewebeteilchen an die betreffende Körperstelle abgibt. Je größer der abgegebene Teil der Wucht ist, und auf je kürzerem

Wege diese Abgabe von dem getroffenen Körperteil aufgenommen wird, desto größer ist natürlich die örtliche Zerstörung. Da dieser Weg um so kürzer wird, einen je größeren Widerstand das Geschoß mit Rücksicht auf seine Form im Körper findet, so wächst also die Zerstörung mit diesem Widerstand. Deshalb ergeben vorn flach abgeschnittene Geschosse, die einen größeren Widerstand finden als spitze, sehr schwere Verletzungen. Auch bei normalen Geschossen steigt die Verwundungswirkung außerordentlich an, wenn das Geschoß als sogenannter Querschläger auftrifft oder im Körper umschlägt. Aeußerst schwere Zerstörungen richten diejenigen Geschosse an, die sich beim Durchschlagen deformieren und dadurch einen für die Abgabe ihrer Wucht an die Weichteile geeigneten hohen Widerstand im Körper finden. Hierzu gehören die Dum-Dum-Geschosse, die durch Einstanzen eines kleinen Loches oder durch Freilegen des Hartbleikernes an der Spitze des Geschosses hergestellt werden. Besonders bei großer Auftreffwucht, also in erster Linie bei der Verwendung auf nahe Entfernungen, bewirken sie schreckliche Verletzungen. Ihr Gebrauch ist durch die Haager Konvention als volksrechtswidrig verboten.

Von der Artilleriebewaffnung dürften unsere großen 42-cm-Mörser das meiste Interesse finden. Leider sind hierüber öffentlich zu verwendende Angaben noch nicht gemacht worden. Interessant sind aber auch die Daten für andre moderne schwere Geschütze. Das Geschoß einer modernen schweren Schiffskanone von höchster Leistung, wie sie bei uns von Krupp hergestellt wird, hat ein Gewicht von 920 kg, also $18^1/_2$ Ztr. Es verläßt die dazu gehörige Kanone von 21 m Länge mit einer Geschwindigkeit von 940 m in der Sekunde. Die Wucht, mit welcher dieses Geschoß aus dem Kanonenrohr ausgestoßen wird, ist $4^1/_2$ mal so groß wie die eines ganzen D-Zuges mit Lokomotive, Tender, Gepäckwagen und vier sechsachsigen Durchgangswagen, der mit 90 km Geschwindigkeit dahinbraust. Die zerstörende Wirkung übt es dann bekanntlich im Fluge oder beim Aufschlagen durch Wucht und Sprengkraft zusammen.

Die Artilleriegeschosse unterscheidet man in Granaten und Schrapnells. Die Granate ist ein großes mit Sprengladung gefülltes Stahlgeschoß von zuckerhutartiger Gestalt und erheblicher Wandstärke; das Schrapnell besteht aus einer dünnwandigen Stahlhülle, in welcher eine große Zahl von Hartbleikugeln durch einen Einguß von Schwefel oder Kolophonium festgelegt ist. Die zerstörende Wirkung übt die Granate durch Zerplatzen des Stahlkörpers selbst in kleine Stücke, das Schrapnell durch ein Ergießen der Bleikugeln auf das Ziel. Von feinster mechanischer Konstruktion sind die Zünder, welche mit Hülfe des in dem Geschoß enthaltenen Sprengstoffes die Zersprengung bewirken. Die Zündung kann beim Aufschlagen geschehen, wie es bei den Granaten meist der Fall ist, oder durch sogenannte Zeitzünder während des Fluges in der Luft, wie es bei Schrapnells gewöhnlich geschieht. Das Schrapnell ist so das Hauptkampfgeschoß gegen nicht verdeckte lebende Ziele, die Granate das Geschoß gegen mehr oder weniger starke Deckungen. Sollen Feldkanonengranaten lebende Ziele hinter Deckungen, z. B. in Schützengräben bekämpfen, so läßt man die Granaten im Fluge unmittelbar über den Schützengräben detonieren und das Ziel von oben mit Sprengstücken überschütten. In diesem Falle muß natürlich auch bei den Granaten wie bei den Schrapnells ein Zeitzünder verwendet werden.

Von höchstem Interesse ist der Kampf zwischen Geschoß und Panzer. Die Schiffspanzer bestehen jetzt aus Nickel-Chrom-Stahlplatten mit geringem Kohlenstoffgehalt, deren Widerstandsfähigkeit durch die Kruppschen Herstellungsverfahren sehr gesteigert worden ist. Die Granaten, welche auf die glasharte Panzeroberfläche treffen und die Platten durchschlagen sollen, müssen ebenfalls gehärtet und an der Spitze glashart sein. Panzergeschosse mit großen Kalibern erhalten vielfach eine Sprengladung, die durch einen besonders eingerichteten Zünder erst nachdem die Granate die Panzerplatte durchschlagen hat, im Innern des Schiffes zur Detonation kommt. Das Ergebnis des alten Wettkampfes zwischen Panzer und Geschoß ist augenblicklich etwa derart, daß bei senkrechtem Auftreffen eines Kappengeschosses aus einer 35,5-cm-Kanone auf 4600 m Entfernung noch fast $^3/_4$ m dicke und bei 8000 m, also mehr als eine deutsche Meile, noch über $^1/_2$ m dicke Panzerplatten durchschlagen werden. Im Kampf ist allerdings vielfach eine Herabsetzung der Schußweiten, bei denen ein Durchschlagen erreicht wird, zu erwarten, weil nicht regelmäßig mit einem senkrechten Auftreffen der Geschosse zu rechnen ist.

Das Geschoß eines 42-cm-Mörsers wirkt nicht nur beim direkten Durchschlagen der flachen Festungspanzerkuppeln vernichtend, sondern auch dann, wenn es nur in der Nähe der Panzertürme in die Betonschutzumhüllung einschlägt. In diesem Falle zerstört es durch seine ungeheuer starke Detonationswirkung die Panzertürme oft von innen aus oder macht sie durch die Betontrümmer unbeweglich und setzt sie dadurch außer Gefecht.

Bei den gewaltigen Beanspruchungen, welche die modernen Geschützrohre bei dem Abschießen der schweren Geschosse erfahren, ist die Erreichung genügender Dauerhaftigkeit eine sehr schwierige Aufgabe. Wie groß die Beanspruchung bei der Explosion der Sprengstoffe in den Rohren ist, erkennt man z. B. durch einen Vergleich des dabei auftretenden Druckes mit demjenigen, der bei den sogenannten Explosionsmotoren (Gas-, Benzin-, Dieselmotoren) verwendet wird. Während man bei diesen Maschinen mit Höchstdrucken unter 100 at arbeitet, kommen bei Schiffskanonen unter Umständen bis zu 3500 at vor. Damit dieser Druck in den Rohren möglichst gut ausgenutzt wird, müssen sie lang gemacht werden. Große Rohrlängen haben aber den Nachteil, daß die Rohre dann leicht in Schwingungen geraten, worunter die Treffsicherheit leidet.

Um den Rohren die nötige Festigkeit zu geben, werden sie aus mehreren ineinander geschobenen (warm aufgezogenen) Lagen hergestellt. Die Materialschwierigkeiten sind von Krupp überwunden worden durch die Verwendung von Nickel-Stahl-Legierungen. Die Herstellung, das Durchschmieden und das sogenannte Vergüten dieser legierten Stahlarten in den erforderlichen riesigen Blöcken in vollkommen fehlerfreier und gleichmäßiger Beschaffenheit bildet eine sehr schwierige Aufgabe für das Stahlwerk, die große Erfahrungen erfordert. Vorzüglich hat sich hierfür der Tiegelstahl bewährt, den Krupp auch für die größten Rohre benutzt und in Güssen bis zu 85 t = 1700 Ztr. Gewicht herstellt, was kein ausländisches Werk vermag. England hat diese Schwierigkeiten dadurch zu umgehen versucht, daß es das innerste Rohr (das »Kernrohr«) mit einer großen Zahl von Lagen eines flachen Stahldrahtes bewickelte. Diese Drahtrohrgeschütze haben aber eine weit geringere Längssteifigkeit und wie es scheint auch Haltbarkeit als die unsrigen. Auch ist das englische Material für das Kernrohr geringwertiger als das von den deutschen Stahlwerken hergestellte. Wir wollen hoffen, daß diese von militärischer Seite aufgestellten Behauptungen im Laufe des Krieges recht gründlich ihre Wahrheit beweisen.

Die Tragkonstruktionen der Geschützrohre, die sogenannten Lafetten, sind dem Rückstoß der Pulvergase ausgesetzt wie der Arm des Schützen bei der Handfeuerwaffe. Bei den modernen Geschützen können diese Rückstöße ganz gewaltig werden. Bei einem Schiffsgeschütz von 30,5 cm Rohrweite wird bei einem Explosionsdruck von 3000 at der Rückstoß z. B. über 2 Mill. kg, eine Kraft, die als Last auf eine flußeiserne Säule von 43 cm Dicke (und einer Festigkeit von 5000 kg/qcm) gesetzt, diese zu zerbrechen vermag. Alle Geschütze werden deshalb heutzutage mit sogenannten Rohrrückläufen versehen. Dem Rohre, welches den Rückstoß erfährt, wird dabei also die Gelegenheit gegeben, dem Stoße nachzugeben und auf der feststehenden Tragkonstruktion zurückzurücken. Die Rückstoßenergie wird durch Federn und Flüssigkeitsbremsen aufgenommen, und durch die Federn wird darauf das Rohr in seine ursprüngliche Lage zurückgeführt. Je freier man es dabei sich selbst überläßt, d. h. je weniger man die Rückbewegung bremst, desto weniger wird der Rückstoß auf die Tragkonstruktion übertragen werden. Aus diesem Grunde läßt man bei fahrbaren Feldgeschützen, bei denen die Lafette nur durch Eintreiben eines sogenannten Spornes in die Erde festgestellt wird, das Rohr beim Rückstoß um etwa 1,2 bis 1,5 m zurückgehen. Bei ortsfesten, stark verankerten Geschützen dagegen genügt ein kürzerer Rücklauf. Besonders für fahrbare Geschütze ist diese Frage selbstverständlich wichtig, denn wenn ein dauerndes Verrücken des Rohres oder der Lafette nach dem Schuß einträte, so müßte wieder von neuem gezielt werden. Die große Kraft des Rückstoßes, die, wie wir sahen, bei Maschinengewehren zum selbsttätigen Weiterschießen ausgenutzt wird, kann auch bei schweren Geschützen sehr wirkungsvoll verwendet werden. So werden z. B. schwere Geschütze zur Küstenverteidigung auf sogenannten Verschwindlafetten hinter einer sicheren Brustwehr aufgestellt und nur zur Feuergabe auf wenige Sekunden über die Brustwehr hinausgehoben, sonst aber dahinter verborgen. Hierbei wird das Heben und Senken des schweren Rohres durch die Rückstoßkraft der Pulvergase bewirkt.

Groß sind bei den modernen schweren Geschützen selbst verständlich auch die Transportschwierigkeiten. Wir kennen das Bild der gewöhnlichen Feldkanone, die auf einer zweirädrigen Lafette ruht und durch Hinzufügen eines zweirädrigen Protzwagens zu einem vierrädrigen Fahrzeug ergänzt wird. Bei schweren Haubitzen wird jetzt das Rohr auf einem besondern vierrädrigen Wagen transportiert und für die Benutzung von diesem Wagen erst auf die eigentliche Lafette übergeführt. Bei den schwersten Geschützen werden ganze Lastzüge verwendet, bei denen Rohrwagen,

Lafette und Zubehörwagen durch je ein besonderes Auto gezogen werden. Bekannt geworden sind wegen ihrer vorzüglichen Leistungen in Belgien die uns dorthin überlassenen österreichischen Mörser von 30,5 cm Kaliber. Bei diesen wird das Geschütz in 3 Teile zerlegt und unmittelbar auf 3 Kraftfahrzeuge (mit 4-Räderantrieb) gesetzt. Das Aufstellen der aus 2 Geschützen bestehenden Batterie soll etwa eine Stunde dauern, die größte Schußweite (des rd. 390 kg schweren Geschosses) 9,6 km, die Feuergeschwindigkeit etwa ein Schuß in 6 Minuten betragen.

Für das Zielen werden jetzt nicht mehr Korn und Kimme verwendet, sondern die optische Achse eines Fernrohres. Ist das Ziel nicht unmittelbar sichtbar, weil die Geschütze selbst in Deckung stehen, so muß ein Hülfsziel verwendet werden. Für die modernen Zieleinrichtungen sind die großartigen Fortschritte der heutigen Optik in weitgehendstem Maße ausgenutzt, so z. B. bei den sogenannten Rundblickfernrohren, welche auch für Unterseeboote von entscheidender Bedeutung sind. Richtiges Zielen wird heute auch ermöglicht durch Beobachter in Flugzeugen, welche die Aufstellung des Feindes in Geländeskizzen eintragen und durch Zeichen mitteilen können, ob die Batterien richtig eingeschossen sind. Die Flugzeuge und Luftschiffe haben ihrerseits Abwehrgeschütze, sogenannte Steilfeuergeschütze, notwendig gemacht. Das Zielen macht hier besondere Schwierigkeiten, weil wegen der immer gekrümmten Flugbahn des Geschosse für jede der schnell wechselnden Höhen und Entfernungen der Flugzeuge besondere Korrekturen erforderlich sind. Um den Gang des Geschosses zu kontrollieren, versieht man dieses heute öfters mit einem Rauchentwickler, der die Flugbahn sichtbar macht, und zur Vergrößerung des Erfolges mit Einrichtungen, die eine Brandwirkung hervorbringen. Demgegenüber wiederum schützt man die Flugzeuge heute durch Panzerung ihrer wichtigsten Teile, des Sitzes des Fliegers und Beobachters und einiger Teile des Motors und der Steuervorrichtung.

Bekanntlich werden die Luftschiffe und Flugzeuge aber heute auch zum Angriff benutzt und zu diesem Zwecke mit Maschinengewehren und zum Teil sogar mit Schnellfeuergeschützen ausgerüstet oder wenigstens mit Bomben, Sprengpatronen, Brandpfeilen versehen. Die Wirkung dieser Geschosse ist sicher moralisch mindestens so groß wie materiell, da sie empfunden wird wie ein von oben kommendes, unabwendbares Verhängnis, demgegenüber man sich wehrloser fühlt, als wenn das drohende Geschoß durch einen in der

Nachbarschaft auf der Erde befindlichen, also erreichbaren Feind ausgesandt wird. Man muß es sich vorstellen, was es für die betroffenen Einwohner bedeutet, wenn unser Generalstab mit schöner Klarheit und ruhiger Sachlichkeit z. B. mitteilt: »Dünkirchen ist ausgiebig mit Bomben belegt worden«. Zur Vergrößerung der Zielsicherheit beim Schießen aus Luftfahrzeugen versucht man jetzt Apparate zu bauen, die bei ihrer Einstellung den Wind und die Eigengeschwindigkeit des Luftfahrzeuges selbsttätig berücksichtigen.

Ausgiebig benutzt als Kriegsmittel wird jetzt auch die Verlegung von Minen, insbesondere von Seeminen. Eine Mine ist ein mit einer Sprengladung gefüllter Hohlkörper, der, meist fest verankert, 3 bis 5 m unter Wasser schwimmt. Sie kann auch so eingerichtet werden, daß unabhängig von der Wassertiefe die Länge des Ankerseiles sich selbsttätig auf eine bestimmte Schwimmtiefe der Mine einstellt. Die Minen werden gewöhnlich durch Kontaktzünder zur Explosion gebracht, welche beim Anstoß eines Schiffes in Wirksamkeit treten; es können aber auch elektrisch von Land aus zu betätigende Zünder verwendet werden. Gegenminen sind besonders große Minen, durch deren Detonation man die gewöhnlichen Minen in der Nachbarschaft zur Entzündung bringen kann. Im einzelnen werden die Minenkonstruktionen geheim gehalten. Früher bestand der Zünder aus einem mit Schwefelsäure gefüllten und durch eine Bleikappe geschützten Glasgefäß, das beim Anstoß eines Schiffes zerbrach, die Flüssigkeit in ein darunter befindliches Trockenelement mit Elektroden aus Zink und Kohle ergoß und hierdurch einen elektrischen Stromkreis schloß. In deisem war ein dünner Platindraht, der nun zum Glühen gebracht wurde und die Sprengung mittels einer explosiven Zündmasse bewirkte. Nach allen bisher im Kriege berichteten Wirkungen scheint unsere Marine besonders gute Sprengmittel zu besitzen.

Nach der Haager Konvention sollen alle Minen Zündsicherungen erhalten, welche sie unschädlich machen, wenn sie sich von der Verankerung lösen; diese können z. B. betätigt werden durch die Auftriebskraft bei ihrem Emporsteigen an die Wasseroberfläche. Unsern englischen Feinden, den Hütern des Völkerrechtes, wird bekanntlich nachgesagt, daß ihre Minen diese Bedingung nicht erfüllten, und daß Holland alle Hände voll zu tun hätte, herantreibende englische Minen unschädlich zu machen.

Zum Schluß unserer Betrachtung der Kriegswaffen noch ein Wort über die Torpedos. Dies sind bekanntlich Hohlkörper von Zigarrenform, im Kopfteile die Sprengladung und einen Zünder tragend, der beim Anstoß an eine feindliche Schiffswand zur Wirkung kommt. Neuere englische Torpedos sollen 150 kg Sprengladung enthalten, Schnellzugsgeschwindigkeit (55 bis 75 km/st) und 8 km Laufweiten haben. Die Torpedos werden bekanntlich aus Lanzierrohren herausgeschossen, die sich in den betreffenden Schiffen, Torpedobooten, Unterseebooten befinden. Der Antrieb der Torpedos während des Laufes geschieht durch kleine Kraftmaschinen, die durch Preßluft betätigt werden. Eine Schwierigkeit liegt dabei in der Unveränderlichkeit der Schwimmtiefe und der dauernden Einhaltung der Schußrichtung. Beides wird durch selbsttätige Steuervorrichtungen erreicht. Das Tiefensteuer wird durch einen Druckregler, das Geradelaufsteuer durch eine Kreiseleinrichtung betätigt, die ebenfalls durch Preßluft angetrieben wird; beide wirken mittels Relais auf kleine Steuermaschinen.

Ueberblickt man die nur in kurzer Schilderung angedeuteten Einrichtungen der Kriegswaffen, so erkennt man, welche ungeheure Fülle an technischer Geistesarbeit bei ihrer Konstruktion und Erprobung und welche gewaltigen Ansprüche bei ihrer Ausführung an die Geschicklichkeit des Arbeiters und an die Ausrüstung der Werkstätten gestellt werden. Der geschickte Kopf des Ingenieurs und die geschickte Hand des Arbeiters vereinigen sich hier zu Höchstleistungen, denen das Vaterland, so Gott will, eine ruhmvolle Zukunft verdanken wird.

Die Leistungen der Technik für den Krieg sind mit dessen Beginn selbstverständlich nicht abgeschlossen. Im Gegenteil verlangte der bisherige Verlauf die äußerste Anspannung aller technischen Kräfte, nicht nur, weil der Kriegsbedarf fortwährend ergänzt werden muß, sondern auch deswegen, weil während des Krieges für die technische Produktion erheblich größere Schwierigkeiten bestehen als in friedlichen Zeiten.

Diese Schwierigkeiten sind sehr mannigfaltiger Art. Sie liegen im jetzigen Kriege zunächst im Stocken und teilweise im völligen Ausbleiben der Zufuhr der zu verarbeitenden Rohmaterialien, wie Kupfer und andre Metalle, Gummi, Benzin, Oel und dergleichen aus dem Auslande. Wegen der Knappheit dieser Stoffe mußte teilweise eine Beschlagnahme der im Lande vorhandenen sogleich nach Kriegsausbruch und später angeordnet werden.

Eine zweite Schwierigkeit lag bei Kriegsbeginn in der Verminderung der Arbeiterzahl durch die Einziehungen zur

Fahne. Bei der gewaltigen Größe unseres Heeres spielt dieser Umstand selbstverständlich eine sehr große Rolle. Zwar ist es der privaten Kriegsindustrie nach dem Muster der staatlichen technischen Unternehmungen gelungen, ihre Arbeiter und Beamten und besonders die in entscheidenden Stellungen befindlichen teilweise frei zu bekommen, doch legte der Heeresbedarf an Mannschaften der Erfüllung solcher Wünsche selbstverständlich erhebliche Einschränkungen auf. Hierzu kam, daß die Einbringung der Ernte gerade in der Mobilmachungszeit bedeutende Ansprüche an Arbeitskräfte stellte.

Als dritte Hauptschwierigkeit ist die Unterbrechung des Verkehrs während der Mobilmachungszeit und die Einschränkung während der späteren häufigen Truppenverschiebungen zu nennen. Die Verkehrstockungen erstreckten sich bekanntlich nicht nur auf die Eisenbahnen, sondern auch auf die Post. Jedes technische Unternehmen sah sich also durch die Unterbrechung wenn nicht aller, so doch der wichtigsten nach außen führenden wirtschaftlichen Verbindungen wenigstens zunächst mehr oder weniger auf sich selbst angewiesen. Wo man keine Rohstoffvorräte hatte, mußte man eben den Betrieb einstellen. Die unmittelbare Folge dieser mangelnden Ausgleichmöglichkeit war vielerorts eine sehr unerwünschte Preissteigerung.

Für den Bedarf des Heeres und der Marine werden die Lieferungen bekanntlich vom Kriegsministerium und dem Reichsmarineamt vergeben. Die hervorstechendste Eigenart des Bedarfes dieser Behörden ist eine außerordentlich große Menge, Vielseitigkeit und Eilbedürftigkeit. Für die Lieferungen war eine gewaltige Zahl großer und kleiner Firmen vorhanden, die in Friedenszeiten andre Fabrikationszweige pflegten. An einer planmäßigen Regelung des Lieferungswesens fehlte es aber zunächst völlig. So ausgezeichnet für die speziell militärische, die finanzielle und die verkehrstechnische Mobilmachung vorgesorgt war, so sehr fehlte eine Organisation für die plötzliche Umschaltung der deutschen Gewerbe und Industrien auf die Massenbedürfnisse der Landesverteidigung. Trotz allen statistischen Eifers besitzen wir z. B. noch keine stetig ergänzte statistische Aufstellung, die die Beziehungen zwischen dem Militärverhältnis und der Berufstätigkeit feststellt. Infolgedessen war es schwierig, die Stellungen der Eingezogenen, die für den Weitergang der Betriebe unentbehrlich waren, unverzüglich mit den dafür am besten geeigneten unter den noch verfügbaren zu besetzen. Die engen Beziehungen, die von dem speziell Militärischen und Militärtechnischen zu dem allgemein Technischen, Kaufmännischen und Volkswirtschaftlichen hinüberführen, sind bei uns noch nicht genügend durchgearbeitet[1]). Eine Mobilmachung in diesem Sinne vorzubereiten, wird eine wichtige Aufgabe nach Friedensschluß sein. Unsere Behörden werden es dabei nicht verschmähen dürfen, sich auch auf die fachkundliche Beratung Sachverständiger aus den Zivilberufen zu stützen. Die Lösung dieser Frage ist für uns bekanntlich besonders wichtig; ist doch die Erzeugung des militärischen Bedarfes durch unsere eigene Industrie viel entscheidender für den Kriegsverlauf als bei unsern Feinden, da wir von jeder Zufuhr zur See abgeschnitten sind und keinen frommen, neutralen Gönner besitzen, der öffentliche Bettage veranstaltet und uns dabei mit Kriegsmaterial versorgt.

Aber unsere Technik darf sich in der Kriegszeit auch nicht auf Kriegslieferungen beschränken. Auch die Bedürfnisse des bürgerlichen Lebens in unserer Zeit der hohen technischen Kultur dürfen während eines Krieges nicht unbefriedigt bleiben, wenn auch Luxus selbstverständlich entbehrt werden kann. Die allgemeine technische Produktion darf schon deswegen nicht stillstehen, weil sonst unter den nicht zum Kriege eingezogenen Arbeitern und Arbeiterinnen Arbeits- und Brotlosigkeit entständen und in ihrem Gefolge Not, Unzufriedenheit, Mutlosigkeit, Krankheiten und Epidemien. Man sah ein, daß die im ersten Eifer auch von leitenden Stellen ergangenen Sparerlasse falsch waren, daß im Gegenteil nicht gespart werden darf und das wirtschaftliche Leben tunlichst im Gange gehalten werden muß. Der Staat selbst läßt sich jetzt die Vergebung von Notstandsarbeiten angelegen sein.

Sehr große Schwierigkeiten fand die für den bürgerlichen Bedarf arbeitende Technik in den Kreditbeschränkungen. In unser aller Erinnerung ist es, daß schon unmittelbar nach dem Ausbruch des Krieges nicht nur Kriegspreise gemacht, sondern auch sofortige Barzahlung verlangt wurde, wo man sonst Kredit gab, und daß man sich sogar weigerte, Papiergeld zu nehmen. Für die Kunden des Kleinhandels, z. B. für unsere Hausfrauen, die ja alle gut wirtschaften, ist es kein Unglück, wenn sie sofort bar bezahlen müssen. Für die Gesamtheit unseres Wirtschaftslebens, das auf Kredit beruht, ist dieser Grundsatz aber nicht durchführbar. Be-

---

[1]) s. auch Schuchart, Die kriegswirtschaftlichen Aufgaben der deutschen Industrie. Technik und Wirtschaft 1915, Heft 1, S. 1.

trachtet man einen Rohstoff, z. B. Eisen, auf dem Wege vom Hüttenwerk, wo er erzeugt wird, durch die Fabrik- oder gewerblichen Anlagen und die Lager der Händler hindurch bis zu dem Kleinhändler, der den eisernen Gegenstand verkauft, so erkennt man, daß das ganze Werk ineinander greifender Räder, welches dieser Vorgang darstellt, eine empfindliche Störung erleidet, sobald einer der Beteiligten dem andern den gewohnten Kredit entzieht. Der Betroffene kann dann seinem Lieferanten nicht mehr zahlen, weil er auf den Kredit gerechnet und Zahlungsmittel daher nicht zur Verfügung hat und muß selbst seinem Käufer daher den Kredit entziehen. Nimmt man dazu, daß manches Unternehmen, durch die veränderten Verhältnisse gezwungen, andre Geschäftsverbindungen anknüpfen mußte, bei denen es keinen Kredit genoß, so erkennt man, wie schwierig die Aufgabe war, die durch den Krieg entstandenen Kreditnöte zu beseitigen. Es ist vielfach vorgekommen, daß ganze geschäftliche Verbände noch über die Forderung der Barzahlung bei Lieferungen hinausgegangen sind und die Barzahlung gar schon bei der Auftragserteilung durch den Kunden verlangt haben. Bei unsern Feinden samt und sonders sind die Kreditnöte bekanntlich durch Moratorien gestillt worden, d. h. durch allgemeinen Aufschub aller Zahlungen im ganzen Lande, ein Verfahren, das an eine Kur des bekannten Dr. Eisenbart erinnert. Auch der Privatmann kann sich die Bedenklichkeit dieses Mittels leicht klarmachen, wenn er erfährt, daß es auch für Banken und Sparkassen gilt. In Frankreich z. B. sind die Banken während des Moratoriums nur verpflichtet, ihren Kunden auf noch so große Depositen 250 Fr zuzüglich 5 vH vom Reste des Guthabens auszuzahlen[1]). Was würden wir empfinden, wenn wir unsere Bank aufsuchten und statt mit etwa geforderten 1000 ℳ nur mit 300 ℳ umkehren müßten? Bei uns sind diese Fragen durch ein andres, im Frieden schon sorgsam vorbereitetes System gelöst worden. Während der Kriegszeit kann der Kredit außer in den gewohnten Arten entweder von Kriegs-Kredit-Banken als reiner Personalkredit oder von Darlehnskassen genommen werden, die gegen Verpfändung von Waren oder Wertpapieren Geldvorschüsse in Gestalt der bekannten Darlehnskassenscheine geben.

Große Nöte brachte der Technik auch die Beschränkung des Außenhandels durch den Krieg wegen der großen Ein-

---

[1]) Hartung, Die finanzielle Rüstung der kriegsführenen Staaten. Verlag von F. Fontane & Co., Berlin S. 18.

schränkung der Schiffahrt nach dem Auslande, wegen der Ausfuhrverbote und vor allem wegen der völligen Unterbrechung des Austausches unserer industriellen Güter mit den feindlichen Ländern. Wie schwerwiegend gerade das zuletzt genannte Ereignis war, erkennt man daran, daß der deutsche Warenhandel mit England, Frankreich, Rußland, Belgien und Japan einschließlich ihrer Kolonien und Schutzländer 1913 von der Ausfuhr aus Deutschland 42,5 vH, von der Einfuhr nach Deutschland 43,8 vH betrug[1]).

Um bei der Lösung aller dieser schwierigen Aufgaben fördernd mitzuwirken, hat sich aus den beiden größten technisch-wirtschaftlichen Verbänden des Reiches, dem Zentralverband deutscher Industrieller und dem Bund der Industriellen, unter Ueberbrückung der bisherigen Gegensätzlichkeiten ein Kriegsausschuß der deutschen Industrie gebildet, der schon am 8. August 1914 ins Leben getreten ist und in den auch der Staatssekretär des Reichsamts des Innern und der preußische Handelsminister amtliche Delegierte zur Mitarbeit entsandt haben. Der Kriegsverband gibt laufende Mitteilungen in Form einer Zeitschrift heraus, in denen er die behördlichen Anordnungen, seine eigenen Arbeiten und sonstige für das Wirtschaftsleben wichtige Ereignisse, auch in Verwaltungs- und Rechtsfragen, bekannt gibt und Ratschläge erteilt. Die erste Nummer dieser Mitteilungen ist bereits am 14. August 1914 erschienen. In einem darin veröffentlichten Aufruf erklärt der Kriegsausschuß: »Die Zusammenfassung der gesamten geistigen und materiellen Mittel, welche die Industrie in sich vereinigt, unter einheitlicher Leitung durch die bewährtesten Führer der deutschen Arbeit, in Fühlung mit der Reichsverwaltung und der deutschen Finanzkraft, das ist die große Aufgabe, die wir lösen müssen. Es handelt sich um ein planmäßiges Zusammenwirken der bereits vorhandenen industriellen Organisationen für eine kraftvolle Arbeitsteilung und die zweckmäßige Verwendung der vorhandenen nationalen und wirtschaftlichen Kräfte, nicht allein für unsere Landesverteidigung an den Grenzen, sondern auch für die Versorgung des innern Bedarfes während der Dauer des Krieges.«

Im Interesse einer einheitlichen Fürsorge für das gesamte deutsche Wirtschaftsleben war es von höchster Bedeutung, daß der Kriegsausschuß auch mit den großen Vertretungen der Landwirtschaft in Verbindung trat. Der

---

[1]) Schuchart a. a. O. S. 4.

Deutsche Landwirtschaftsrat hat daraufhin im vollen Verständnis der Tatsache, daß es sich hier um Lebensfragen des deutschen Wirtschaftslebens handelt, an sämtliche landwirtschaftlichen Körperschaften ein Rundschreiben erlassen, in dem er es für patriotische Pflicht erklärte, mit der Anschaffung landwirtschaftlicher Maschinen und Geräte nicht zurückzuhalten, und hat eine landwirtschaftliche Zentralstelle für industrielle Beschäftigung gegründet.

Zu den genannten Vereinigungen ist später noch eine besonders für den Mittelstand vom Hansabund gegründete Kriegszentrale für Handel, Gewerbe und Handwerk hinzugetreten, und alle diese Organisationen werden noch ergänzt durch Fachverbände der einzelnen Industriezweige, die mit den großen Verbänden in dauernden Beziehungen stehen.

Ueber die Lösung der bisher angedeuteten Probleme möchte ich folgendes sagen:

Zunächst die Frage der Arbeitskräfte. Zum Glück für unser Vaterland bildete sich sogleich nach den Kriegserklärungen ein Gottesfriede zwischen Arbeitgebern und Arbeitern. Daß die Ueberzeugung von seiner Notwendigkeit auf beiden Seiten vorhanden war, war eine Wirkung der allgemeinen Stimmung und des Druckes der Zeit. Daß sie sich aber auch in die Tat umsetzen ließ, das war dem Umstande zu danken, daß seit einem Vierteljahrhundert sich beide Teile umfangreiche Organisationen geschaffen hatten, die für ihre Mitglieder einstehen konnten, auf der Seite der Arbeiter die freien (sozialdemokratischen) Gewerkschaften mit etwa 2 $^{1}/_{2}$ Mill. Mitgliedern und die danebenstehenden (gelben usw.) mit etwa 1 $^{1}/_{2}$ Mill. Mitgliedern und auf der Seite der Arbeitgeber insbesondere der Deutsche Industrieschutzverband und die Vereinigung Deutscher Arbeitgeberverbände. In herzlichen Worten machte das hauptsächlichste Kampforgan der Arbeitgeber, die Deutsche Arbeitgeberzeitung, auf die veränderten Aufgaben der Zeit aufmerksam, und die Generalkommission der Gewerkschaften druckte die wichtigsten Punkte dieser Darlegungen mit anerkennenden Worten ab. Von den Gewerkschaftsorganen wurde die Losung ausgegeben, Streitigkeiten mit den Arbeitgebern nach Möglichkeit ruhen zu lassen, und alle Streiks wurden abgebrochen. Die Arbeitgeberverbände selbst warnten vor Versuchen der Lohndrückerei und empfahlen statt Arbeiterentlassungen nach Möglichkeit Verkürzung der Arbeitszeit und Wechselschichten. Zahlreiche Arbeitgeberverbände stifteten aus den für Kampfzwecke angesammelten Fonds Beiträge zur Unterstützung der Arbeitslosen, und einige schütteten zu diesem Zweck ihre Reservefonds aus. Auch um die Erntehülfe erwarben sich die Gewerkschaften der Arbeiter große Verdienste, indem sie ihre Mitglieder zu Meldungen veranlaßten und selbst eine Durchsiebung auf Brauchbarkeit vornahmen; bei der Feststellung des Bedarfes an Arbeitskräften halfen der Landwirtschaftsminister und der Minister des Innern durch die Aufforderung an sämtliche 487 Landräte der preußischen Monarchie, den Bedarf telegraphisch zu berichten. So arbeitete hier die Staatsregierung Hand in Hand mit den Arbeiterverbänden, und es zeigte sich deutlich, daß auch die Organisation der Arbeiter einen Segen für unser Vaterland bedeuten kann.

Trotz der gesundheitlichen Hebung des Arbeiterstandes durch die soziale Gesetzgebung, die einen erheblichen Anteil an unsern industriellen Erfolgen hat, ist die ·Alter, welches die Industriearbeiter erreichen, doch noch nicht sehr hoch. Gerade um die Zeit des Kriegsausbruches erschien eine Anzahl Statistiken hierüber, nach denen über 50 Jahre nur 7 bis 9 vH und über 40 Jahre nur etwa 25 vH waren. Militärpflichtig, namentlich, wenn der Landsturm bis zu 45 Jahren überall einberufen wird, war also bei weitem der größte Teil der Arbeiterschaft. Die Gewerkschaften der Holz- und Transportarbeiter z. B. schickten je 40 000 Mann ins Feld oder, wie sie sich selbst ausdrückten, je ein Armeekorps. Bei den Bau- und Metallarbeitern schätzte man die Zahl auf das 3- bis 4 fache [1]).

Für die Beschäftigung der Arbeiter haben die Bemühungen zu einem sehr glücklichen Ergebnis geführt. Während im August 1914 auf 100 offene Stellen 225 Arbeitsuchende kamen, ist im August 1915 die Zahl auf 131 herabgegangen [2]). Es kann also von einer größeren Arbeitslosigkeit nicht die Rede sein. Im Gegenteil zeigt ein Vergleich jetzt günstigere Verhältnisse als in den letzten Monaten der Vorjahre. Sehr interessant ist, wie nebenbei bemerkt sein möge, die Aenderung während des Krieges bei gewissen Berufen, die durch die erste Kriegsstimmung besonders zu leiden hatten. So ist der Prozentsatz der arbeitslosen Musiker schon bald nach Kriegsbeginn, nämlich von Anfang September bis Ende Ok-

---

[1]) Jastrow, Der Kriegszustand, Verlag von Georg Reiner, Berlin II 7 und III 2.

[2]) August 1914 248 Männer, 202 Frauen (Mittel 225), August 1915 98 Männer, 165 Frauen (Mittel 131). Reichsarbeitsblatt, herausgegeben vom Kaiserlichen Statistischen Amt 1915 S. 703.

tober 1914 von 88 auf 33 vH herabgegangen[1]). In der Freude an der Musik dokumentiert sich zweifellos das wachsende Vertrauen unseres Volkes. Freilich präsentiert sich Polyhymnia jetzt oft wieder in leichtester Schürzung, wie es dem Ernste der Zeit doch nicht entspricht. In hohem Maße schätzenswert sind die Leistungen unserer technischen Unternehmungen für ihre Angestellten während der Kriegszeit, wenn man bedenkt, daß sie bei Kriegsausbruch das Recht fristloser Kündigung hatten ohne Gehaltszahlung, weil der Kriegsdienst nicht als unverschuldetes Unglück, wie der Ausdruck in der Gesetzgebung heißt, sondern als vaterländische Ehrenpflicht anzusehen ist; nebenbei sei bemerkt, daß unsere Gesetzgebung im Gegensatz hierzu den Unternehmer zwingt, einem in ein Konzentrationslager gebrachten feindlichen Ausländer den Gehalt auf sechs Wochen weiter zu zahlen, weil diesem der Begriff des unverschuldeten Unglücks zugebilligt wird.

Einige Beispiele für die großartige Fürsorge unserer Industrie für ihr Personal möchte ich angeben: Von unsern großen Elektrizitätsunternehmungen zahlten z. B. die Siemens-Schuckert-Werke und die A.-G. Siemens & Halske den Beamten nach der Einberufung noch einen vollen Monatsgehalt, bei den Verheirateten gewähren sie bis auf weiteres laufend der Ehefrau die Hälfte des Monatsgehaltes des Mannes und außerdem für jedes ihrem Haushalte zugehörige Kind unter 16 Jahren weitere 5 vH. Jedem Arbeiter wurde am Tage seiner Einberufung eine einmalige Unterstützung in Höhe von 20 ℳ gewährt; die Arbeiterfrauen erhalten bis auf weiteres wöchentlich 6 ℳ und für jedes ihrem Haushalte zugehörige Kind unter 14 Jahren 1 ℳ. Die gleichen laufenden Unterstützungen werden auch Eltern und Geschwistern der Kriegsteilnehmer unter bestimmten Voraussetzungen gewährt, sowie den Hinterbliebenen Gefallener bis zum Eintritt der staatlichen Versorgung. Der Gesamtbetrag der Aufwendungen beider Firmen für Kriegsbeihülfen im Interesse der Angestellten und Arbeiter überschreitet monatlich den Betrag von 400 000 ℳ. Die Siemenswerke haben außerdem dem Roten Kreuz 100 000 ℳ und den Kriegshülfen der Gemeinden Berlin und Spandau ebenfalls 100 000 ℳ gespendet. Sie haben ferner einen Teil ihres Verwaltungsgebäudes für Lazarett-

---

[1]) Nach einer Statistik im Correspondenzblatt der Generalkommission der Gewerkschaften Deutschlands vom 28. Nov. 14, Technik und Wirtschaft 1915 S. 40.

zwecke verfügbar gemacht (400 Betten), und die Familie von Siemens hat zusammen mit den Siemenswerken einen etwa 80 Achsen umfassenden Lazarettzug bereitgestellt. Die Allgemeine Elektricitäts-Gesellschaft zahlt die gleichen laufenden Unterstützungen an die Beamten und Arbeiter und deren Ehefrauen. Sie hat den einberufenen Angestellten eine Weihnachtsgabe von 100 000 ℳ, dem Roten Kreuz ebenfalls 100 000 ℳ und zusammen mit den Berliner Elektrizitätswerken der Stadt Berlin 80 000 ℳ gespendet. Sie hat außerdem ein Bootshaus, das sie früher für ihre Beamten gebaut hatte, als Lazarett eingerichtet und die Kosten der Verpflegung und ärztlichen Behandlung übernommen[1]).

Für die technische Arbeit im Vaterlande war es von allergrößter Bedeutung, daß die heimische Kohlen- und Roheisenversorgung von Anfang an ohne ernsthafte Störung in Gang gehalten werden konnte. Die schweren Opfer für die schnelle militärische Sicherung des rheinisch-westfälischen Industriegebietes durch den raschen Vormarsch durch Südbelgien haben reiche Früchte getragen, insofern als der Einbruch des Feindes in dieses Gebiet vereitelt wurde und ungestört weitergearbeitet werden konnte. Es ist kaum vorstellbar, welchen Gang die Dinge genommen hätten, wenn der Landesschutz in dieser Hinsicht auch nur vorübergehend versagt hätte. Ganz abgesehen von den unabsehbaren Verlusten durch eine Besetzung und wahrscheinliche Zerstörung zahlloser hochwertiger industrieller Anlagen, hätten viele wichtige militärische Bedürfnisse, für welche die Technik zu sorgen hat, ohne Zweifel nur unter großen Schwierigkeiten erfüllt werden können. Für die Versorgung des Reiches mit Eisen und Kohle war es ferner von wesentlicher Bedeutung, daß schon am 11. September 1914 sich das rheinisch-westfälische Kohlensyndikat, der Stahlwerksverband und der Roheisenverband als Rohstoffverbände mit denen der Feinverarbeitung, den Eisengießereien, Maschinenbauanstalten, Kleineisenwerken usw. über die Grundlagen für die weitere Führung der Geschäfte in befriedigender und einwandfreier Weise verständigten. Bei der erheblichen Steigerung der Selbstkosten, welche die Einziehung der Arbeitskräfte und die Betriebseinschränkung den Werken

---

[1]) Nach einem Bericht in der Aufsichtsratsitzung vom 8. Nov. 1915 (Vossische Zeitung Nr. 573 vom 9. Nov. 1915, Finanz- und Handelsblatt) hat die Allgemeine Elektrizitäts-Gesellschaft im ersten Kriegsjahre für die Unterstützung der Familien der Einberufenen 4,6 Mill. ℳ ausgegeben.

brachte, hat die Verständigung allseitig zweifellos vielfach bedeutende Opfer erfordert. Die großen technischen Verbände, denen im Frieden oft Selbstsucht und Eigennutz vorgeworfen worden ist, haben hier gezeigt, was sie zu leisten vermögen, und die Führer der Industrie haben sich ihrer verantwortungsvollen Stellung vollauf gewachsen gezeigt[1]). Zweige der Technik, denen Roh- und Hülfsstoffe nicht in beliebiger Menge zur Verfügung standen, und die daher zu besonderer Sparsamkeit gezwungen waren, halfen sich durch die Gründung einer Reihe von Material-Versorgungs-Gesellschaften, z. B. Kriegs-Metall-A.-G., Kriegs-Chemikalien-A.-G., Kriegswollbedarfs-A.-G., Kriegs-Leder-A.-G. usw. Bei diesen sind Erwerbszwecke satzungsgemäß ausgeschlossen. Ihr Aktienkapital ist in den Kreisen der Verarbeitung und des Handels mit diesen Materialien aufgebracht und dient zum Ankauf und zur Verwaltung von Vorratsmengen. Die Geschäftsführung wird von Fachleuten ausgeübt und von einem Aufsichtsrat überwacht, in dem das Reich durch einen Kommissar vertreten ist. Bekanntlich ist in letzter Zeit eine amtliche Beschlagnahme von verschiedenen Materialien erfolgt.

Das meiste Nachdenken unter den Rohstoffen verursachte wohl das Kupfer, welches für die Kriegsausrüstung des Heeres von dringender Notwendigkeit ist. Kupfer und Messing gehören daher zu den bereits mit Beschlag belegten Stoffen. Ueber die Aushülfe im äußersten Notfalle sprach sich unser jetziger Generalstabschef im vergangenen Winter zu dem Vertreter der Associated Press, des einflußreichsten Presseverbandes der Vereinigten Staaten, aus. Er wies dabei darauf hin, daß wir zwar nur wenig Kupfer in Form von Erzen in Bergwerken unter der Erde hätten, aber in Form von elektrischen Leitungen in Hülle und Fülle unter und über der Erde. Der Generalsekretär des Verbandes Deutscher Elektrotechniker hat daraufhin ausgerechnet, daß in die deutschen elektrischen Anlagen eine Kupfermenge von insgesamt etwa 800 000 t = 16 Mill. Ztr. eingebaut ist. Durch die Bearbeitung, die das so verwendete Kupfer bei der Formgebung erfahren hat und durch den Einbau in die entsprechenden Teile der Anlagen ist es freilich so wertvoll geworden, daß man zunächst an eine anderweitige Beschaffung des Kupfers denken wird. Immerhin zeigt auch diese Statistik, daß für das Vaterland im Falle der äußersten Not noch große Schätze geborgen liegen.

---

[1]) Schuchart a. a. O.

Außerdem kann man in vielen Fällen, wo es an dem bisher gebräuchlichen Material fehlt, auch mit Ersatzmaterialien auskommen. Diese zu finden und richtig zu verwenden, ist die ureigenste Aufgabe des Technikers und seiner Wissenschaft. So hat die Elektrotechnik sich entschlossen, zunächst statt kupferner Leitungen solche aus Eisen oder Zink zu verlegen, und der Verband Deutscher Elektrotechniker, der in Friedenszeiten durch seine Vorschriften den Bau der elektrischen Anlagen bereits geregelt hat, hat sich sogleich ans Werk gemacht, auch für diese neuen eisernen Leitungen Normalien aufzustellen. Bekannt ist ferner die Verwendung von Papierstoffen (Textilose) statt Jute, von Papier statt Wolle für Unterkleider, und bekannt sind auch die besondern Erwartungen, die auf ein neues Verfahren zur Massenherstellung von Salpeter gesetzt werden. Mehrere sehr große Werke, von denen eines z. B. mehr als das Achtfache zu leisten vermag, wie jetzt das Danziger Elektrizitätswerk, werden für den zuletzt genannten Zweck augenblicklich in Deutschland aus der Erde gestampft.

Eine weitere Lösung der Materialfrage hat man auch in der Verwendung von Abfällen gefunden. Die Reichswollwoche hat manchem unbenutzten Stück zum wertvollen Dasein verholfen und sicherlich großen Nutzen gestiftet. Eine Reichsmetallwoche war ebenfalls in Vorschlag gebracht, aber gern haben unsere Hausfrauen auch ohne eine solche und unabhängig von der Beschlagnahme ihre alten Metallgegenstände dem Vaterlande zur Verfügung gestellt. Wichtig ist auch die Sammlung und Wiederverarbeitung der zahllosen militärtechnischen und sonstigen Gebrauchsgegenstände, deren sich die Truppen unter Umständen im Felde entledigen. Dazu sind zu rechnen: Metallwaren aller Art, Woll- und Leinwandsachen, Lederartikel und auch Nahrungsmittel.

Am wertvollsten und zugleich patriotisch am befriedigendsten für uns ist aber die Ergänzung unserer für technische Verarbeitung notwendigen Vorräte durch die Feinde. In der Hauptversammlung des großen Vereins Deutscher Eisenhüttenleute in Düsseldorf, dem die ganze deutsche Schwerindustrie angehört, hat der Geschäftsführer des Vereines, Dr. Schrödter, ein hervorragender Kenner der internationalen Verhältnisse der Eisenindustrie, Ende Januar 1915 einen Vortrag gehalten. Er teilte darin mit, daß wir in dem von uns besetzten Teile Frankreichs erstaunlich große Anteile der gesamten industriellen Erzeugung dieses Landes zur Verfügung haben, so z. B. von Kohlen 69 vH, Koks

78 vH, Eisenerz 90 vH, Roheisen 86 vH usw.[1]) Unsere Heeresverwaltung hat selbstverständlich bei Besetzung dieses Gebietes die Möglichkeit, über dessen technisch wertvolle Stoffe zu verfügen. Lange hat man sich indessen große Zurückhaltung auferlegt. So plante man nach Einnahme der industriell wichtigsten Plätze Belgiens die Zuführung aller industriell wichtigsten Bestände an die darniederliegende belgische Industrie; doch hat man diese Absicht glücklicherweise aufgegeben, und es sind Verfügungen über die Ueberführung der für die heimische Wirtschaft wichtigsten Waren getroffen worden. Auch nach der Einnahme von Antwerpen hat man es nicht verhindert, daß erhebliche Warenmengen, an denen die deutsche Industrie zurzeit auf das lebhafteste interessiert ist, zunächst in die Hände der benachbarten Holländer wanderten und von diesen mit Vorteil weiterverkauft wurden; erst mit mehrwöchiger Verspätung ist ein Ausfuhrverbot erlassen worden[2]). Inzwischen hat die niederländische Regierung die Durchfuhr von Antwerpen durch niederländisches Gebiet auch für Waren gestattet, deren Ausfuhr aus den Niederlanden verboten ist.

Außer den im ersten Teile des Vortrages aufgezählten direkten Waffen vermag die Technik dem Vaterland auch indirekte Waffen zu bieten. Das feindliche Ausland ist mit zahlreichen Waren von Deutschland vorwiegend oder doch zum ausschlaggebenden Teil abhängig, z. B. mit vielen Waren der chemischen und pharmazeutischen Industrie, u. a. für Teerfarbstoffe und auch für Rübenzucker. Selbstverständlich muß diese Abhängigkeit rücksichtslos als Waffe gebraucht und darüber gewacht werden, daß keine dieser Waren dem Feinde zustatten kommt; leider ist eine derartige Begünstigung des Feindes aus Eigennutz oder durch nachlässige Ignorierung feindlicher Listen und neutralen Einverständnisses nicht immer ausgeblieben; anderseits hat es aber auch an drastischen Antworten einsichtiger Patrioten auf geschäftliche Anfragen nicht gefehlt.

Die Bestimmungen über Erlaubnis oder Verbot von Ausfuhr können natürlich nur durch die Reichsregierung erlassen werden. Um aber der Industrie die Ausfuhr nicht mehr als nötig zu unterbinden, hat sich die Regierung bereit erklärt, auch Ausnahmen von dem Verbot zu bewilligen. Zu diesem Zwecke sind in geeigneten Fällen Zentralstellen für Ausfuhr-

---
[1]) Tägliche Rundschau 1915 Nr. 58 Hauptblatt S. 2.
[2]) Schuchart a. a. O.

bewilligungen seitens des Reichsamtes des Innern im Einvernehmen mit den beteiligten Kreisen eingerichtet und Vertrauensmänner der einzelnen Berufszweige dafür gewählt worden. Wie die Ausfuhr so nur in beschränktem Maße möglich geblieben ist, so ist es auch die Einfuhr. Die Bestimmungen der Feinde über Bannware, vor allem die volksrechtswidrigen Maßnahmen Englands, sorgen dafür während des Krieges, und die Zahlungsverbote der Feinde wirken noch zurück auf die finanziellen Ergebnisse des früheren friedlichen Handelsverkehrs. Wir müssen uns damit trösten, daß auch der Handel des Feindes auf das Schwerste geschädigt, der von England trotz seiner behaupteten Herrschaft über die Meere erheblich herabgesetzt ist, und müssen vertrauen, daß die Unterseeboot-Blockade der gesamten englischen Küsten dem seeumspülten Eiland den Handelsverkehr immer wirkungsvoller einschränken wird. Auch die Neutralen leiden bekanntlich in ihrem Außenhandel sehr unter dem Kriege, die große Technik Amerikas z. B. auch unter dem Mangel an Zufuhr deutscher Erzeugnisse, wie in der hochangesehenen amerikanischen Zeitschrift »Engineers News« (vom 17. September 14) ausführlich auseinandergesetzt ist.

Als Ergebnis aller soeben dargestellten Vorgänge und Maßnahmen ist festzustellen, daß die deutsche Technik dank ihrer inneren Gesundheit und Kraft die Ungunst der Zeit besser noch überwunden hat, als dies vorher erwartet werden konnte. Nachdem der Güterverkehr nach Beendigung der Mobilmachung allmählich wieder aufgenommen worden war, und die Unternehmungen einen Ueberblick gewonnen hatten über die ihnen verbleibenden Arbeiterbestände und Möglichkeiten, sich den veränderten Verhältnissen anzupassen, kamen auch die Produktion und der Verkehr allmählich wieder in Gang. Die Lage des Arbeitsmarktes gestaltete sich andauernd und zusehends günstiger. Den besten Einblick in den Umfang der jetzigen Produktion erhält man, wenn man die Einnahmen der preußischen Staatsbahnen betrachtet. Diese betrugen aus dem Güterverkehr im August 1914 41 vH, im Januar 1915 aber $92^{1}/_{4}$ vH von denen des Vorjahres, ja im Juli 1915 haben sie die des Juli 1914 sogar um 2,80 vH überschritten und damit die höchste Julieinnahme übertroffen, die von den preußischen Staatseisenbahnen vorher jemals erzielt worden ist. Die Einnahmen aus dem Militärverkehr waren an dem Ertrage des Juli nur mit 7,39 vH beteiligt.

Alles in allem darf gesagt werden, daß die Einschränkung, die die technische Produktion in Deutschland seit Kriegsausbruch erfahren hat, im ganzen keinen bedenklichen Umfang angenommen hat. Den unter den Verhältnissen leidenden Unternehmungen, wie z. B. der Luxusindustrie und zahlreichen Exportindustrien, steht eine sehr erhebliche Anzahl solcher gegenüber, die im alten Umfang weiterproduzieren, und eine große Zahl von Unternehmungen, wie z. B. die Waffen- und Munitionsfabriken, die Textil-, die Leinen- und Lederindustrie, die sich in einer Zeit äußerst gewinnbringender Hochkonjunktur befinden. Die Produktion bei mehr als 400 industriellen Unternehmungen der verschiedensten Gewerbezweige, die an das Reichsarbeitsblatt berichtet haben, hat eine Einschränkung von nur etwa $1/4$ erfahren, und aus den Mitteilungen verschiedener leitenden Persönlichkeiten der Montanindustrie, von denen die Dredner Bank in ihrem Geschäftsberichte von 1914 Nachricht gibt, geht vorher, daß die Produktion dieser Unternehmungen eine Einschränkung um etwa $1/3$, die gesamte deutsche industrielle Produktion eine Einschränkung um vielleicht $1/4$ bis höchstens $1/3$ erfahren hat. Das ist eine Zahl, die in keiner Weise bedenklich, ja in Anbetracht der Verhältnisse sicherlich als überraschend günstig bezeichnet werden muß. Daß unsere Technik imstande ist, die für die Kriegsführung notwendigen Materialien im eigenen Lande herzustellen, ist nicht nur in militärischer Hinsicht von äußerstem Vorteil, sondern auch in wirtschaftlicher Beziehung von außerordentlicher Bedeutung, indem die vom Staat ausgegebenen Gelder nicht ins Ausland wandern, sondern der heimischen Industrie zufallen und ihr die gewinnbringende Aufrechterhaltung ihrer Betriebe und die Weiterbeschäftigung ihrer Arbeitskräfte ermöglichen.

So dürfen wir also nicht nur in militärischer, sondern auch in technisch-wirtschaftlicher Beziehung vertrauensvoll in die Zukunft sehen. Die wirtschaftliche Einigkeit unseres Volkes gibt unserm Heere den Rückhalt. Niemals ist diese Einigkeit in herrlicherer und begeisternderer Weise zum Ausdruck gekommen als bei einer Versammlung, welche von den Vertretern aller Erwerbsstände in Berlin auf den 28. September 14 einberufen war. Ich hatte die Ehre, dieser Versammlung beizuwohnen und zähle die dort empfangenen Eindrücke zu den stärksten meines Lebens. Die Versammlung wurde durch den Präsidenten des Reichstages mit einigen patriotischen Worten eingeleitet. Es sprachen die angesehensten Führer der deutschen Arbeit mit heiligem Ernst und zugleich mit patriotischem Schwung. Der Wille aller in dieser großen Versammlung vertretenen Körperschaften: des deutschen

Handelstages, des deutschen Landwirtschaftsrates, des Kriegsausschusses der deutschen Industrie und des deutschen Handwerks- und Gewerbe-Kammertages fand in der begeisterten Zustimmung zu folgender Erklärung einmütigen Ausdruck: »Ein frevelhafter Krieg ist gegen uns entbrannt. Eine Welt von Feinden hat sich verbündet, um das Deutsche Reich politisch und wirtschaftlich zu vernichten. Voll Zorn und voll Begeisterung hat, um seinen Kaiser geschart, das deutsche Volk sich einmütig erhoben. Jeder unserer Krieger in Heer und Flotte weiß, daß es sich um Sein oder Nichtsein des Vaterlandes handelt. Daher haben unsere Waffen ihre glänzenden Erfolge errungen, daher wird ihnen der Sieg beschieden sein. Hierfür bürgt auch die Stärke und Gesundheit unserer Volkswirtschaft, der beispiellose Erfolg der mit fast $4^1/_2$ Milliarden ℳ gezeichneten Kriegsanleihe. Wohl hat der Krieg uns schwere wirtschaftliche Opfer auferlegt, freudig sind sie für das Vaterland übernommen. Zu jedem weiteren Opfer bereit, sind alle Teile des deutschen Wirtschaftslebens, Landwirtschaft, Industrie, Handel und Handwerk einmütig entschlossen, bis zu einem Ergebnis durchzuhalten, das den ungeheuren Opfern dieses Krieges entspricht und dessen Wiederkehr ausschließt. Dann wird die gesicherte Grundlage gegeben sein für neue Blüte, neue Macht, neue Wohlfahrt des Deutschen Reiches.«

Der glänzende Erfolg der ersten Kriegsanleihe hat sich seitdem in der zweiten und dritten überwältigend gesteigert. Die $4^1/_2$ Milliarden sind zu mehr als 25 Milliarden ℳ angewachsen. Diese riesenhafte wirtschaftliche Leistung stellt sich unserer militärischen ebenbürtig an die Seite und bildet einen neuen festen Anker für unsere Siegeszuversicht.

Ich schließe mit der Wiedergabe der Antwort, die Seine Majestät der Kaiser auf ein ihm von der Versammlung gesandtes Huldigungstelegramm ergehen ließ und die auch unsere Wünsche und Gelübde wiedergeben soll:

»Der einmütige Zusammenschluß der Vertreter des gesamten deutschen Wirtschaftslebens und die kraftvolle Bekundung des festen Willens, den unserm Vaterlande aufgedrängten Existenzkrieg auch auf wirtschaftlichem Gebiete siegreich durchzuführen, haben mich außerordentlich erfreut. Mein herzlicher Dank und meine wärmsten Wünsche geleiten diese ernst-patriotische Arbeit; Gott der Herr kröne das Werk mit seinem Segen und lasse alle die schweren Opfer unserer Tage zu einer guten Saat werden für eine glückliche Zukunft des Deutschen Volkes und Vaterlandes.«

Buchdruckerei A. W. Schade, Berlin N., Schulzendorfer Str. 26.

MIX
Papier aus verantwortungsvollen Quellen
Paper from responsible sources
FSC® C105338

If you have any concerns about our products,
you can contact us on
ProductSafety@springernature.com

In case Publisher is established outside the EU,
the EU authorized representative is:
**Springer Nature Customer Service Center GmbH
Europaplatz 3, 69115 Heidelberg, Germany**

Printed by Libri Plureos GmbH
in Hamburg, Germany